Schriftenreihe des Instituts für Werkstofftechnik / Kunststofftechnik

Band 10

Herausgegeben von
Prof. Dr.-Ing. H.-P. Heim (Hrsg.)
Universität Kassel

Fabian Verheyen

Die Extrusion von Festsilikonkautschuk – eine Verfahrensanalyse

U N I K A S S E L
V E R S I T Ä T

kassel
university
press

Die vorliegende Arbeit wurde vom Fachbereich Maschinenbau der Universität Kassel als Dissertation zur Erlangung des akademischen Grades eines Doktors der Ingenieurwissenschaften (Dr.-Ing.) angenommen.

Erster Gutachter:	Prof. Dr.-Ing. H.-P. Heim
Zweiter Gutachter:	Prof. Dr.-Ing. A. Limper
Prüfer:	Prof. Dr.-Ing. M. Fister
	Prof. Dr.-Ing. Th. Niendorf

Tag der Disputation: 7. November 2019

Bibliografische Information der Deutschen Nationalbibliothek
Die Deutsche Nationalbibliothek verzeichnet diese Publikation in der Deutschen Nationalbibliografie; detaillierte bibliografische Daten sind im Internet über http://dnb.d-nb.de abrufbar

Zugl.: Kassel, Univ., Diss. 2019
ISBN: 978-3-7376-0804-6 (print)
ISBN: 978-3-7376-0805-3 (e-book)
DOI: http://dx.medra.org/10.19211/KUP9783737608053
URN: http://nbn-resolving.de/urn:nbn:de:0002-408058

https://kup.uni-kassel.de | kup@uni-kassel.de

Umschlaggestaltung: Karen Marschinke, formkonfekt, Kassel
Druck und Verarbeitung: CPI Druckdienstleistungen GmbH, Ferdinand-Jühlke-Straße 7, 99095 Erfurt
Printed in Germany

Vorwort

Die vorliegende Dissertation entstand während meiner Tätigkeit als wissenschaftlicher Mitarbeiter am Institut für Werkstofftechnik – Kunststofftechnik der Universität Kassel in den Jahren 2013 bis 2019.

Mein Dank gilt an erster Stelle Prof. Dr.-Ing. Hans-Peter Heim für die Möglichkeit, als wissenschaftlicher Mitarbeiter am IfW meine Erfahrungen zu sammeln und meine Dissertation anzufertigen. Zudem bedanke ich mich bei Prof. Dr.-Ing. Andreas Limper für die Übernahme der Zweitbegutachtung. Auch der restlichen Prüfungskommission gilt mein Dank für die Teilnahme an meinem Promotionsverfahren.

Ich nutze hier die Gelegenheit, um bei allen Mitarbeitern des Instituts für Werkstofftechnik – Kunststofftechnik der Uni Kassel Danke zu sagen. Es war mir stets eine Freude mit Euch zusammen zu arbeiten. Mein langjähriger Freund und Kollege, Dr.-Ing. Johannes Fuchs, nimmt hier einen besonderen Platz ein: Die konstruktiven Gespräche und Ratschläge von deiner Seite waren von großem Nutzen. Ein weiterer Dank gilt allen Studenten, welche mich auf meinem Weg begleitet haben. Hier hervorzuheben sind Nils Becker, Kevin Rehm, Marcus Tischendorf, Lucas Bogedale und Sami Hichri.

Spezieller Dank gebührt meinen Eltern, Hannelore und Alexander, welche mich in jeder erdenklichen Weise unterstützt haben: Ich weiß, dass das alles ohne Euch nicht möglich gewesen wäre. Zu guter Letzt danke ich auch meiner Partnerin Vanessa: Du warst und bist mir stets der notwendige Ausgleich, erträgst meine Launen und baust mich bei Bedarf wieder auf.

Inhaltsverzeichnis

Vorwort I
Inhaltsverzeichnis II
Verwendete Abkürzungen und Symbole VI
Abkürzungen VI
Formelzeichen und Symbole VII
Kurzzusammenfassung VIII
Abstract X
1. Die wachsende Bedeutung der Silikonkautschuke 1
2. Grundlegende Aspekte bei der Verarbeitung von Silikonkautschuk 4
2.1. Einteilung der Elastomere 4
2.2. Silikonkautschuke und deren Ausprägungen 4
2.3. Vernetzungsreaktionen im Bereich der Silikonkautschukverarbeitung 7
2.3.1. Platinbasierte Additionsvernetzung 7
2.3.2. Peroxid-basierte radikalische Reaktion 9
2.3.3. Kondensationsvernetzung 10
2.4. Die Prozesskette bei der Verarbeitung von Festsilikonkautschuk 10
2.4.1. Mischen von Kautschuk und Grundlagen der Rezepturentwicklung 11
2.4.2. Aussieben von Verschmutzungen zur Verbesserung der Produktqualität 12
2.4.3. Typische Formgebungsprozesse im Bereich der Festsilikonkautschuke 13
2.4.4. Das Tempern als zentraler Nachbehandlungsprozess 14
2.5. Grundlagen der Kautschukextrusion 14
2.5.1. Extruder – Arten und zentrale Bauelemente 14
2.5.2. Werkzeugtechnik in der Extrusion - Allgemeines und Besonderheiten bei der Kautschukextrusion 19
2.5.3. Kontinuierliche Vulkanisationsverfahren 21
3. Motivation, Zielsetzung und Kernthemen der Arbeit 24
4. Verwendete Materialien 26
5. Ermittlung des rheologischen Verhaltens von Festsilikonkautschuk 28
5.1. Stand der Forschung und Technik 28
5.1.1. Abhängigkeit rheologischer Größen von Druck und Temperatur 29
5.1.2. Wandgleiteffekte – Phänomen und Auswirkungen auf den Verarbeitungsprozess 30

5.1.3. Das Phänomen der Strangaufweitung 32
5.1.4. Das Auftreten von Fließinstabilitäten als produktionslimitierender Faktor 36
5.2. Wissenschaftliche Fragestellungen 38
5.3. Das Rheologische Verhalten von Silikonkautschuk 39
5.3.1. Die Viskosität von Silikonkautschuk in Abhängigkeit von Druck, Temperatur und Schergeschwindigkeit 39
5.3.2. Die Detektion von Wandgleiteffekten mit dem HKR 44
5.3.3. Einfluss verschiedener Düsengeometrien auf die Strangaufweitung 48
5.3.4. Fließinstabilitäten und resultierende Oberflächen- bzw. Volumendefekte 60
5.4. Zwischenfazit 64
6. Untersuchungen zum Vulkanisationsprozess von Festsilikonkautschuk 67
6.1. Stand der Forschung und Technik 67
6.1.1. Arten der Vernetzung 67
6.1.2. Besonderheiten der Vulkanisation im Extrusionsprozess 68
6.2. Wissenschaftliche Fragestellungen 69
6.3. Analyse des Vulkanisationsverhaltens von Silikonkautschuk 69
6.4. Zwischenfazit 81
7. Identifikation der prozessseitigen Einflussparameter in der Extrusion 83
7.1. Stand der Forschung und Technik 83
7.2. Wissenschaftliche Fragestellung 84
7.3. Ermittlung der signifikanten Parameter bei der Verarbeitung von HCR im Extrusionsverfahren mit Hilfe der statistischen Versuchsplanung 84
7.3.1. Signifikante Prozessparameter auf den Ausstoß 85
7.3.2. Identifikation der Einflussparameter auf die Strangaufweitung 87
7.3.3. Einfluss der Prozessparameter auf die Extrudattemperatur nach Verlassen des IR-Tunnels 89
7.4. Zwischenfazit 94
8. Entwicklung geeigneter Werkzeuge für den Extrusionsprozess 96
8.1. Stand der Forschung und Technik 96
8.2. Wissenschaftliche Fragestellungen 97
8.3. Die Auswirkung verschiedener Werkzeuggeometrien auf den realen Verarbeitungsprozess 98
8.3.1. Druck-Durchsatz-Charakteristik in Abhängigkeit verschiedener Werkzeuggeometrien 98
8.3.2. Verweilzeit und Massetemperatur zur Abschätzung des Scorch-Risikos 104

8.4. Einfluss verschiedener Werkzeuggeometrien auf die geometrischen Abmaße 106

8.4.1. Die Detektion von Wandgleiteffekten im realen Extrusionsprozess 107

8.4.2. Der Effekt ausgewählter L/D-Verhältnisse auf die geometrischen Abmaße des Extrudates 108

8.4.3. Einfluss konischer Elemente im Bereich der Werkzeugtechnik 118

8.4.4. Das Auftreten von Fließinstabilitäten im realen Extrusionsprozess 120

8.5. Zwischenfazit 122

9. Zusammenfassung 126

9.1. Zusammenfassung 126

9.2. Summary 130

Abbildungsverzeichnis XIII

Tabellenverzeichnis XVIII

Literaturangaben XIX

Anhang XXXI

zu Kapitel 5: Ermittlung des rheologischen Verhaltens von Festsilikonkautschuk XXXI

I. Verwendete Materialien und Methoden XXXI

a. Verwendete Materialien XXXI

b. Hochdruck-Kapillarrheometer XXXI

c. Rubber Process Analyzer XXXIII

Zu Kapitel 6: Untersuchungen zum Vulkanisationsprozess XXXIV

I. Verwendete Materialien und Methoden XXXIV

a. Verwendete Materialien XXXIV

b. Rubber Process Analyzer XXXIV

Zu Kapitel 7: Identifikation der prozessseitigen Einflussparameter in der Extrusion XXXVI

I. Verwendete Materialien und Methoden XXXVI

a. Verwendete Materialien XXXVI

b. Angewendete Methoden und Maschinentechnik XXXVI

c. Statistische Versuchsplanung XXXVIII

d. Analyse ausgewählter Eigenschaften XLII

zu Kapitel 8: Entwicklung geeigneter Werkzeuge für den Extrusionsprozess XLIII

I. Verwendete Materialien und Methoden XLIII

a. Verwendete Materialien XLIII

b. Variation der Längen und Durchmesser-Verhältnisse XLIII

Lebenslauf XLIV

Veröffentlichungen XLV
Tagungsbeiträge XLV
Posterbeiträge XLVI
Veröffentlichungen in wissenschaftlichen Zeitschriften XLVI
Betreute Abschlussarbeiten XLVII

Verwendete Abkürzungen und Symbole

Abkürzungen

C	Kohlenstoff
DClBP	2,4-Dichlorobenzoyl Peroxide (Vernetzer)
DCP	Dicumylperoxid (Vernetzer)
DoE	Design of Experiment (=statistische Versuchsplanung)
De	Deborah-Zahl (dimensionslose Kennzahl)
Gew.-%	Gewichtsprozent
HAV	Hot-Air-Vulcanizing
HCR	High-Consistency Silicone Rubber (=Festsilikonkautschuk)
HKR	Hochdruck-Kapillarrheometer
kt	Kilotonnen
L/D	Längen- zu Durchmesser-Verhältnis
LCM	Liquid Curing Method
LSR	Liquid Silicone Rubber (=Flüssigsilikonkautschuk)
Mol-%	Molprozent
O	Sauerstoff
PDMS	Polydimethylsiloxan
PEEK	Polyetheretherketon
phr	parts per hundred rubber
Pt	Platin-basierte Additionsvernetzung
PTFE	Polytetrafluorethylen
PPA	Polymer Processing Aids (=Verarbeitungshilfsmittel)
Si	Silizium
TC XX	Zeit bis zum Erreichen eines Vulkanisationsgrades von XX%

Formelzeichen und Symbole

D	Durchmesser
D_K	Durchmesser Kapillare
D_R	Durchmesser Reservoir
E_A	Aktivierungsenergie
Δp_E	Einlaufdruckverlust
ε	Konstante der Dehnviskositätsfunktion
$\dot{\gamma}$	Schergeschwindigkeit
K	Konsistenzfaktor
n	Fließexponent
η_S	Scherviskosität
η_D	Dehnviskosität
R^2	Bestimmtheitsmaß
S	Drehmoment
s^{-1}	reziproke Sekunden
τ_D	Zugspannung
U	Schneckenumdrehung
U_s	Wandgleitgeschwindigkeit
μ_0	Konstante der Dehnviskositätsfunktion
$\dot{V}_{Gl}$	Gleitvolumenstrom
$\dot{V}_S$	Schervolumenstrom

Kurzzusammenfassung

Silikonkautschuk gehört zur Gruppe der synthetischen Kautschuke und bietet aufgrund seines Eigenschaftsprofils breite Anwendungsmöglichkeiten in einer Vielzahl von Industriezweigen. Die Verarbeitung von Festsilikonkautschuk im Extrusionsprozess stellt hohe Anforderungen an den Verarbeiter im Hinblick auf Prozessverständnis und Materialverhalten. Das Ziel dieser Dissertation ist es, einen Beitrag zur grundlegenden und umfassenden Analyse des Extrusionsprozesses von Festsilikonkautschuk zu leisten.

Alle hier untersuchten Silikonkautschuke zeigen strukturviskoses Verhalten. Der Einfluss von Druck und Temperatur auf die Viskosität ist im Gegensatz zur Schergeschwindigkeit als eher gering einzustufen. Mit zunehmender Schergeschwindigkeit nimmt die Strangaufweitung des Polymers nach Verlassen der Düse zu. Niedrig-viskosere Materialien zeigen eine größere Aufweitung im Vergleich zu hoch-viskoseren Mischungen. Oberflächen- und Volumendefekte, welche den Produktionsprozess limitieren, nehmen mit steigender Schergeschwindigkeit zu und mit zunehmender Shore-Härte ab. Kleinere L/D-Verhältnisse reduzieren das Auftreten von Fließinstabilitäten.

Die Analyse des Vulkanisationsprozesses hat gezeigt, dass eine Erhöhung der Vulkanisationstemperatur unabhängig vom Vernetzungssystem zu einer kürzeren Vernetzungszeit führt; eine Erhöhung der Vernetzungsdichte ist damit nicht zwangsläufig verbunden. Neben der Wahl des Vernetzungsmittels hat auch die Wahl des eingesetzten Silikonkautschuks Einfluss auf den Vulkanisationsprozess: ein höherer Füllstoffgehalt erhöht die Aktivierungsenergie und somit die thermische Stabilität durch Demobilisierung der Molekülketten.

Der signifikante Prozessparameter in der Extrusion von Festsilikonkautschuk ist die Schneckendrehzahl. Ein zunehmender Durchsatz führt zu höheren Schergeschwindigkeiten im Werkzeug, welche wiederum die Strangaufweitung des Extrudates beeinflussen. Die Temperatur des Extrudates nach dem Verlassen des IR-Tunnels wird als limitierende Größe des gesamten Verarbeitungsprozesses identifiziert und wird hauptsächlich durch die Schneckendrehzahl und untergeordnet durch die Temperatur des IR-Tunnels beeinflusst. Um die geometrischen Abmessungen des Extrudates bei konstanter Schneckendrehzahl zu beeinflussen, stellt die Werkzeugausgestaltung das zentrale Mittel dar. Niedrig-viskosere Materialien zeigen unabhängig von der Werkzeuggeometrie höhere Durchsätze im Vergleich zu hoch-viskoseren Mischungen. Ein zunehmender Werkzeuggegendruck, z.B. aufgrund größerer Werkzeuglängen, reduziert die Volumenförderrate pro Umdrehung und schmälert den Durchsatz. Werkzeuge mit kleinem L/D-Verhältnis generieren den größeren Durchsatz. Die Analyse der Verweilzeiten gepaart mit den Massetemperaturen des Festsilikonkautschuks (nach Verlassen des Werkzeuges) zeigen, dass bei den hier untersuchten Silikonkautschuken (und Vernetzungssystemen) die Gefahr einer frühzeitigen Vulkanisation bei eingeschalteter Kühlung vernachlässigbar ist.

Der hier verwendete Silikonextruder zeigt ein gegendruckabhängiges Förderverhalten. Mit steigender Viskosität des Kautschuks wird weniger Material bei gleicher Schneckendrehzahl gefördert. Um die Materialförderung zu verbessern und ein Unterfüttern bei der Verarbeitung hoch-viskoser Mischungen zu vermeiden, muss die Schneckengeometrie angepasst werden. Die fließoptimierte Auslegung von Extrusionswerkzeugen erzielt gesteigerte Werkzeuggegendrücke und eine verminderte Strangaufweitung. Um das Auftreten von Totwassergebieten und die Gefahr von Scorch zu reduzieren, sollte dieses Werkzeugkonzept Anwendung finden.

In Bezug auf das Auftreten von Fließinstabilitäten zeigen niedrig-viskosere Materialien deutlich mehr Fließinstabilitäten im Vergleich zu hoch-viskoseren Mischungen. Bei niedrig-viskosen Materialien zeigen vor allem Werkzeuge mit kleinem L/D-Verhältnis weniger Fließinstabilitäten.

Abstract

Silicone rubber belongs to the group of synthetic rubbers and, due to its property profile, offers broad application possibilities in a large number of industrial sectors. The processing of high-consistency silicone rubber in the extrusion process places high demands on the processor in terms of process understanding and material behavior. The aim of this dissertation is to contribute to the fundamental and comprehensive analysis of the extrusion process of high-consistency silicone rubber.

All silicone rubbers investigated here show shear thinning behavior. In contrast to the shear rate, the influence of pressure and temperature on viscosity is rather small. With increasing shear rate, the die swell of the polymer increases after leaving the die. Low-viscosity materials show a greater expansion compared to higher-viscosity compounds. Surface and volume defects, which limit the production process, increase with increasing shear rate and decrease with increasing Shore hardness. Smaller L/D ratios reduce the occurrence of flow instabilities. The analysis of the curing process has shown that an increase in the vulcanization temperature leads to a shorter crosslinking time independent of the crosslinking system; an increase in the crosslinking density is not necessarily associated with this. In addition to the choice of crosslinking agent, the choice of silicone rubber also has an influence on the curing process: a higher filler content increases the activation energy and thus the thermal stability through demobilization of the molecular chains.

The significant process parameter in the extrusion of high-consistency silicone rubber is the screw speed. An increasing throughput leads to higher shear rates in the die, which in turn influence the die swell of the extrudate. The temperature of the extrudate after leaving the IR tunnel is identified as the limiting factor of the entire processing process and is mainly influenced by the screw speed and subordinated by the temperature of the IR tunnel. In order to influence the geometric dimensions of the extrudate at a constant screw speed, the die design is the central means. Low-viscosity materials show higher throughput rates compared to higher-viscosity compounds, regardless of the die geometry. An increasing tool back pressure, e.g. due to longer tool lengths, reduces the volume flow rate per revolution and reduces the throughput. Tools with a low L/D ratio generate the higher throughput. The analysis of the residence times paired with the melt temperatures of the high-consistency silicone rubber (after leaving the die) show that with the silicone rubbers (and cross-linking systems) investigated here, the risk of early vulcanization with cooling switched on is negligible.

The silicone extruder used here shows a counterpressure-dependent conveying behavior. As the viscosity of the rubber increases, less material is conveyed at the same screw speed. The screw geometry must be adapted to improve material handling and avoid relining when processing high-viscosity compounds.

The flow-optimized design of extrusion dies results in increased die back pressures and reduced die swell. In order to reduce the occurrence of dead water areas and the risk of scorch, this die concept should be applied.

Regarding the occurrence of flow instabilities, low-viscosity materials show significantly higher flow instabilities compared to high-viscosity mixtures. In the case of low-viscosity materials, tools with a low L/D ratio show lower flow instabilities.

1. Die wachsende Bedeutung der Silikonkautschuke

Kautschuk ist ein oftmals amorphes Polymer, welches durch chemische Vernetzung zu einem Elastomer bzw. Gummi oder Vulkanisat vernetzt. Kautschuke werden unterteilt in Naturkautschuk und Synthesekautschuk [1, 2].

Silikonkautschuk gehört zur Gruppe der synthetischen Kautschuke und bietet aufgrund seines Eigenschaftsprofils breite Anwendungsmöglichkeiten in einer Vielzahl von Industriezweigen. Laut einer Studie der Ceresana eK, einem Marktforschungsunternehmen in den Bereichen Chemie und Kunststoffe, wuchs der Absatz von Silikonkautschuk seit 2008 jährlich um ca. 4,2 %. Im Jahr 2016 wurden ca. 15,5 Milliarden US-Dollar Umsatz erzielt. Ceresana prognostiziert ein jährliches Wachstum bis 2024 von ca. 4,0 % [3]. Laut Statista GmbH stieg der weltweite Verbrauch von synthetischem Kautschuk von 9.600 kt (1990) auf ca. 14.500 kt (2015) kontinuierlich an und verdeutlicht den Wachstumstrend dieser Werkstoffgruppe [4]. Der Verbrauch von Synthesekautschuk in Deutschland für technische Erzeugnisse (außer Reifen) zeigt ebenfalls ein Wachstum in den vergangenen Jahren: 2009 wurden 142 kt Synthesekautschuk verarbeitet. 2016 betrug dieser Wert bereits 251 kt, was einem Wachstum von ca. 76 % entspricht [5].

Silikonkautschuke werden üblicherweise mittels Spritzgieß-, Pressverfahren oder im Extrusionsprozess verarbeitet [6 bis 8]. Die Extrusion nimmt mengenmäßig den größten Anteil ein [9 bis 12].In der Bauindustrie findet Silikonkautschuk Anwendung als Dicht- oder Klebstoff. In der Elektronikbranche kommt die hohe thermische und chemische Beständigkeit in vielen Bauteilen zum Tragen. In der Medizintechnik, Automobil- oder Lebensmittelindustrie werden Silikonkautschuke oftmals als medienfördernde Bauteile in Form von Schläuchen oder Profilen eingesetzt [3, 13 bis 15]. Alle Anwendungen haben gemein, dass hohe Anforderungen an den Werkstoff als auch an die geometrischen Abmaße und somit an den Verarbeitungsprozess gestellt werden.

In Abbildung 1 ist die Prozesskette der Verarbeitung von Festsilikonkautschuk am Beispiel der Extrusion schematisch dargestellt. Die Bestandteile der Kautschukrezeptur werden in einem separaten Prozessschritt homogen gemischt und dem Formgebungsprozess zugeführt. Das Extrusionswerkzeug stellt das zentrale Bauteil zur Abformung der gewünschten Kontur dar, da im Gegensatz zur Thermoplast-Extrusion keine Kalibrierung des Extrudates nach Verlassen des Werkzeuges stattfindet [16]. Die Vulkanisation wandelt anschließend den formbaren

Kautschuk durch den Eintrag von Wärme irreversibel zu einem elastischen Gummi bzw. Elastomer um. Ein anschließendes Tempern beendet den Herstellungsprozess.

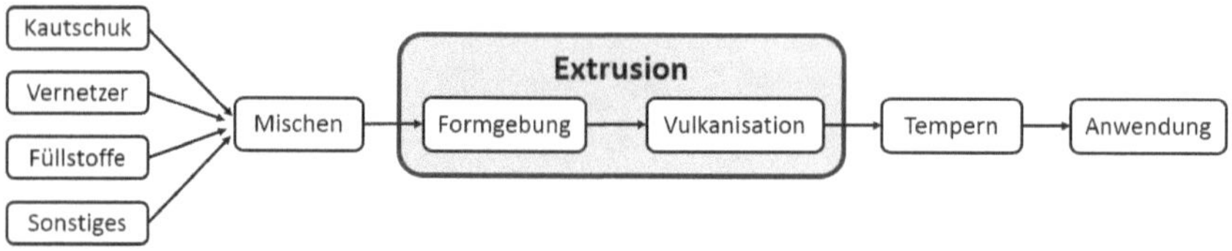

Abbildung 1: Schematische Darstellung der Prozesskette bei der Verarbeitung von Silikonkautschuk

Rauwendaal et al. [16] stellten fest, dass trotz der wachsenden industriellen Bedeutung von Silikonkautschuk wenig Literatur in Bezug auf das grundlegende Prozessverständnis im Hinblick auf die Extrusion zu finden ist.

Die Gestaltung von Extrusionswerkzeugen, als zentrales Element der Formgebung, beruht oftmals auf dem empirischen Wissen eines Werkzeugbauers [16 bis 22]. Blendenwerkzeuge sind im Kautschukbereich weit verbreitet und haben sich auch für die Verarbeitung von Silikonkautschuk bewährt [6, 23, 24]. Der elementare Nachteil ist ein hoher Einfahraufwand in einem iterativen Prozess inklusive Nachbearbeitungsschritte. Es gibt wenig Literatur zur Auslegung von Extrusionswerkzeugen am Beispiel realer Extrusionsprozesse. Die grundlegenden Überlegungen im Bereich der Elastomerwerkzeuge nach [17, 25] beziehen sich auf organische Kautschuke und wurden bisher noch nicht auf den Werkstoff Silikonkautschuk angewendet. Das Wissen der Werkzeugauslegung liegt somit vorrangig in der industriellen Anwendung und ist nicht öffentlich zugänglich.

Lehnen [26] diagnostizierte, dass „Probleme" während der Verarbeitung nicht durch Optimierung des Prozesses, sondern primär durch Modifikation der Mischungszusammensetzung gelöst werden. Änderungen der Materialrezeptur können je nach Industriezweig weitreichende Folgen unter anderem in Bezug auf die Erfüllung gesetzlicher Vorschriften nach sich ziehen. Eine Optimierung des Verarbeitungsprozesses stellt im Gegensatz dazu einen geringeren zeitlichen und wirtschaftlichen Aufwand dar. Ein Materialwechsel impliziert in der Regel eine Werkzeuganpassung bzw. vollständige Neugestaltung. Dies stellt wiederum einen Mehraufwand dar.

Ein tiefgreifendes Prozessverständnis inklusive Erfahrung in der Werkzeugauslegung tragen im Bereich der Extrusion von Silikonkautschuk dazu bei, den Ausschuss aufgrund optimierter und somit zeitnaher Verbesserungsprozesse zu reduzieren. Im Bereich der Werkzeuggestaltung kann der Einfahraufwand durch Verringerung der Iterationen minimiert werden. „Probleme“ während der Verarbeitung können mit Hilfe eines tiefgreifenden Prozessverständnisses zeitnah und ohne Materialwechsel durch Anpassung der Prozessparameter gelöst werden. Als Folge dessen werden ökologische und ökonomische Ressourcen geschont.

2. Grundlegende Aspekte bei der Verarbeitung von Silikonkautschuk

Das folgende Kapitel gibt eine allgemeine Übersicht über die Materialgruppe der Silikonkautschuke. Neben der Vernetzungsreaktion liegt das Hauptaugenmerk auf der Verarbeitung von Festsilikonkautschuk im Allgemeinen und im Speziellen mit Hilfe der Extrusion. Alle nachfolgenden Ausführungen orientieren sich an dieser Prozessführung.

2.1. Einteilung der Elastomere

Typisch für Elastomere ist eine weitläufig irreversibel vernetzte Struktur mit einer Glasübergangstemperatur von deutlich unter 0°C. Elastomere zeigen bis zur materialspezifischen Zersetzungstemperatur keinen Fließbereich. Im Gebrauchstemperaturbereich verhalten sie sich entropieelastisch [1, 2]. Kautschuke werden unterteilt in Naturkautschuk und Synthesekautschuk. Neben der Art der Herstellung ist der molekulare Aufbau der Hauptkette von entscheidender Bedeutung für die Eigenschaften des Werkstoffes [27].

Die DIN ISO 1629 [27] gibt Aufschluss über die Einteilung der Kautschuke und deren Nomenklatur. Alle nachfolgenden Ausführungen befassen sich primär mit der Kautschukgruppe „Q“ - den Kautschuken mit Silizium und Sauerstoff in der Hauptkette. Diese werden auch Silikonkautschuk genannt.

2.2. Silikonkautschuke und deren Ausprägungen

Silikonkautschuke bestehen aus Polysiloxanen, welche je nach Ausprägung in den Seitenketten funktionelle Gruppen aufweisen. Auf die Synthese des Ausgangspolymers wird hier nicht näher eingegangen – Informationen zur Herstellung/Synthese sind unter anderem bei [28 bis 32] zu finden. Tabelle 1 zeigt die sechs Untergruppen der Silikonkautschuke.

Tabelle 1: Nomenklatur der Silikonkautschuke in Anlehnung an [27]

Kurzzeichen	Molekularer Aufbau
MQ	Silikonkautschuk mit Methyl-Gruppen an der Polymerkette
VMQ	Silikonkautschuk mit Methyl- und Vinyl-Gruppen an der Polymerkette
FMQ	Silikonkautschuk mit Methyl- und Fluor-Gruppen an der Polymerkette
PMQ	Silikonkautschuk mit Methyl- und Phenyl-Gruppen an der Polymerkette
FVMQ	Silikonkautschuk mit Methyl-, Fluor- und Vinyl-Gruppen
PVMQ	Silikonkautschuk mit Methyl-, Phenyl- und Vinyl-Gruppen

Im Gegensatz zu organischen Kautschuken besteht die Hauptkette der Silikonkautschuke nicht aus Kohlenstoffatomen, sondern aus alternierenden Silizium-Sauerstoff-Atomen – siehe Abbildung 2.

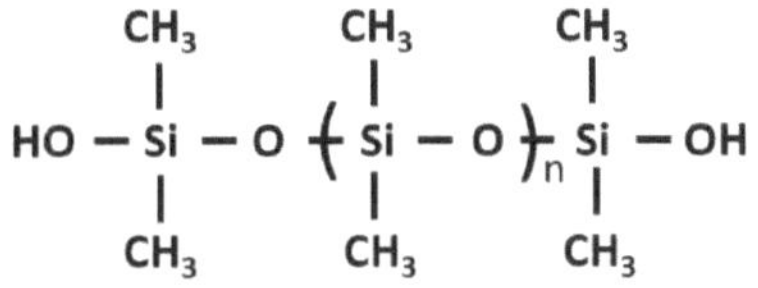

Abbildung 2: Chemische Struktur des Polydimethylsiloxans (=PDMS) in Anlehnung an [33]

Die Bindungsenergie der Si-O Bindung (451 kJ/mol) ist im Vergleich zur C-C Bindung (352 kJ/mol) um ca. 30 % höher [34 bis 37]. Die anorganische Hauptkette mit organischen Seitengruppen, wie z.B. Methyl- oder Vinyl-Gruppen, sind verantwortlich für das Eigenschaftsprofil des Werkstoffes [37, 38]. Silikonkautschuke zeichnen sich durch eine hohe chemische Beständigkeit, eine hohe Flexibilität im Tieftemperaturbereich, Biokompatibilität, gute Sterilisierbarkeit, hohe Elastizität und viele weitere Eigenschaften aus [32, 39]. Aufgrund dieses Eigenschaftsprofils eignen sie sich besonders für die pharmazeutische und Lebensmittelindustrie [30, 35, 38 bis 41].

Ohne Verstärkungsstoffe weisen Silikonkautschuke nur geringe mechanische Eigenschaften auf [9, 32, 42 bis 47]. Aus diesem Grund werden dem Polysiloxan verstärkende Füllstoffe hinzugegeben. Es existiert eine Vielzahl an Füllstoffen mit spezifischen Eigenschaften und Anforderungen. Diese reichen von einer Erhöhung der mechanischen Eigenschaften über eine Reduzierung der Materialkosten bis hin zu einer Optimierung der Verarbeitungseigenschaften

[48]. Zur Erhöhung der mechanischen Eigenschaften wird in der Regel Kieselsäure in den Silikonkautschuk eingemischt [43, 44, 49]. Die synthetische Kieselsäure ist ebenfalls amorph und wird unterteilt in gefällte und pyrogene Kieselsäure. Sie unterscheiden sich hinsichtlich des Herstellungsprozesses und der Füllstoffpartikelgröße. Pyrogene Kieselsäure wird durch die Hydrolyse von Tetrachlorid in einer Flamme gewonnen. Die gefällte Kieselsäure wird innerhalb eines nass-chemischen Prozesses durch Kondensation von Natriumsilikat hergestellt [50, 51]. Die Silanol-Gruppen an der Oberfläche der Kieselsäure bilden aufgrund der ähnlichen chemischen Struktur Wasserstoffbrückenbindungen zu der Hauptkette des Polysiloxans aus [43].

Die irreversible Umwandlung des unvernetzten Polymers zu einem drei-dimensionalen Netzwerk wird Vulkanisation genannt. Aus dem unvernetzten plastischen Kautschuk entsteht ein räumlich vernetztes Elastomer [1, 2, 7, 52]. Detailliertere Informationen zur Vernetzungsreaktion werden in Kapitel 2.3 dargestellt.

Die Silikonkautschuke lassen sich in raumtemperatur- und hochtemperaturvernetzende Kautschuke unterscheiden (siehe Abbildung 3). Bei den raumtemperaturvernetzenden Kautschuken gibt es Ein- und Zwei-Komponenten-Systeme. Beide werden vorrangig als Vergussmassen eingesetzt. Im Bereich der hochtemperaturvernetzenden Kautschuke unterscheidet man Flüssigsilikonkautschuk oder „Liquid Silicone Rubber“ (kurz: LSR) und Festsilikonkautschuk - „High-Consistency Silicone Rubber“ (kurz: HCR) [7, 53, 54]. LSR wird aufgrund seiner geringen Molekülkettenlänge und der daraus resultierenden geringen Viskosität (Molmassen zwischen 70.000 und 100.000 g/mol) oftmals im Spritzgießprozess verarbeitet [1, 52]. Das Material wird in zwei Komponenten angeliefert: Komponente A enthält in der Regel den Katalysator und Komponente B Vernetzer und Inhibitor. Detaillierte Informationen zur Vernetzungsreaktion siehe Kapitel 2.3.1. Direkt vor dem eigentlichen Verarbeitungsprozess werden die Komponenten im Verhältnis 1:1 gemischt. Die Topfzeit (=Zeitspanne vom Mischen der Komponenten bis zum Ende der Verarbeitbarkeit) dieser Mischung beträgt bei Raumtemperatur 2-3 Tage, bei erhöhten Temperaturen findet die platinbasierte Vernetzungsrektion in wenigen Sekunden statt [54 bis 56].

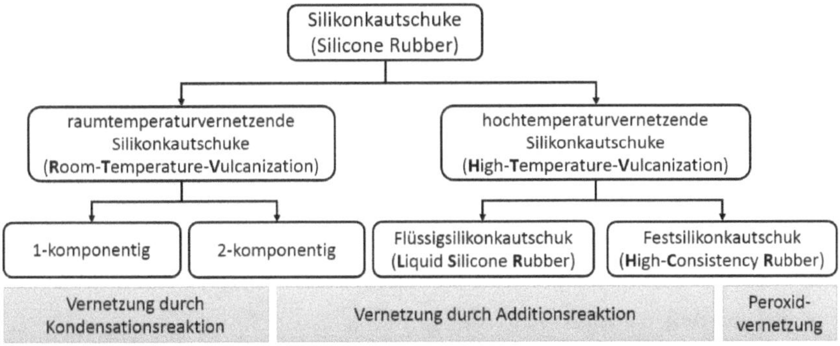

Abbildung 3: Einteilung der Silikonkautschuke in Anlehnung an [1, 57]

Im Gegensatz zum LSR hat das HCR eine größere Kettenlänge (Molmassen zwischen 250.000 und 900.000 g/mol) und entsprechend eine höhere Viskosität [1, 52]. Die Verarbeitung findet mittels Spritzguss, Pressverfahren oder Extrusion statt [1, 6, 35]. Bei den in dieser Dissertation verwendeten Materialien handelt es sich um Festsilikonkautschuke verschiedener Ausprägung. Alle Materialien gehören zur Gruppe der VMQ und besitzen Methyl- und Vinyl-Seitengruppen an der Polymerkette.

2.3. Vernetzungsreaktionen im Bereich der Silikonkautschukverarbeitung

Die Art der Vernetzungsreaktion hat großen Einfluss auf die Temperaturführung während des Verarbeitungsprozesses. Darüber hinaus beeinflussen der Vernetzungsprozess und die resultierende Vernetzungsdichte die mechanischen Eigenschaften im späteren Elastomer. Eine Erhöhung der Vernetzungsdichte beeinflusst unter anderem den Modul oder die Härte des späteren Vulkanisats/Gummis [58 bis 60].

2.3.1. Platinbasierte Additionsvernetzung

Die Additionsvernetzung von Silikonkautschuk findet in Anwesenheit eines Metallkomplexes statt und wird Hydrosilylierung genannt [61, 62]. Der Metallkomplex dient als Katalysator und ist in der Regel platinbasiert [1, 36, 40, 53, 55, 56]. Abbildung 4 zeigt den Ablauf der Vernetzungsreaktion im Detail. Polyfunktionelle Hydrosilan-Bindungen reagieren mit den Vinyl-Gruppen des Silikonkautschuks in Anwesenheit des Katalysators. Als Vernetzer werden in der Regel niedermolekulare Siloxane eingesetzt. Die Reaktion läuft bei Raumtemperatur langsam ab [63], was eine Topfzeit von zwei bis drei Tagen (bei LSR) zur Folge hat. Mit steigender Temperatur erhöht sich die Reaktionsgeschwindigkeit und die Vernetzungszeit reduziert sich bis auf wenige Sekunden [1, 36, 55, 63, 64]. Die reduzierte Vulkanisationszeit lässt sich auf die geringe Aktivierungsenergie der Vinyl-Gruppen zurückzuführen [7, 64, 65]. Bei der Additionsvernetzung entstehen nur an den Vinyl-Gruppen des Silikonkautschuks Vernetzungspunkte [30]. Ein Netzwerk mit weniger Fehlstellen wird gebildet [36] und keine niedermolekularen Spaltprodukte entstehen [28, 29, 63]. Als Folge dessen ist es nicht zwingend notwendig, die Vulkanisate zu tempern [34].

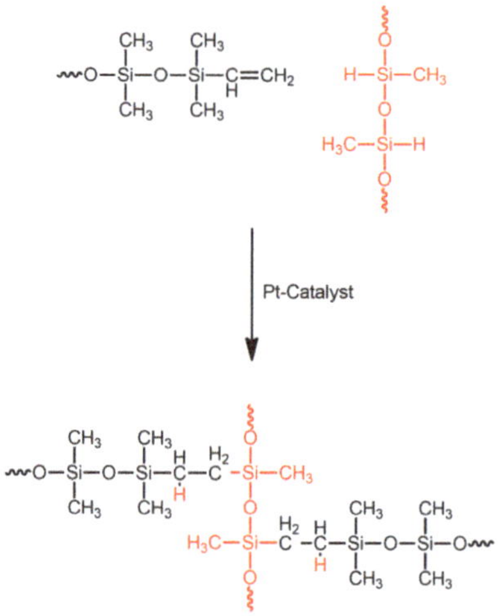

Abbildung 4: Schematische Darstellung der Additionsvernetzung in Anlehnung an [1]

Ein additionsvernetzendes System besteht aus Platin-Katalysator, Inhibitor und Vernetzer. Ohne Zugabe des Inhibitors würde die Vulkanisation direkt nach dem Mischen der Komponenten beginnen. Der Inhibitor bindet den Katalysator und verhindert den Start der Reaktion. Die Topfzeit wird durch eine Separation und nicht durch einen chemischen Prozess verlängert [28, 29, 66]. Nach Erreichen der Siedetemperatur des Inhibitors wird dieser flüchtig und der Katalysator startet den Reaktionsprozess. Während der Additionsvernetzung wird der Katalysator nicht verbraucht, sondern immer wieder frei. Das heißt, eine geringe Menge an Katalysator reicht aus, um den gesamten Silikonkautschuk zu vernetzen [36, 53]. Wie in Abbildung 4 dargestellt, wird der Vernetzer in das drei-dimensionale Netzwerk irreversibel eingefügt. Die Vernetzungsgeschwindigkeit der Additionsvernetzung ist im Vergleich zur

Vernetzung mit Hilfe von Peroxiden (bei gleichen Verarbeitungstemperaturen) größer [36]. Die Reaktion ist anfällig gegenüber Katalysatorgiften, wie zum Beispiel Schwefel- oder Stickstoff-Verbindungen [30, 66]. Additionsvernetzende Silikonkautschuke werden in der Regel gebrauchsfertig in Form von zwei Komponenten geliefert. Der Verarbeiter mischt beide Komponenten vor der Verarbeitung im Verhältnis 1:1 [28, 29, 54].

2.3.2. Peroxid-basierte radikalische Reaktion

Peroxide werden untergliedert in vinyl-spezifisch (I) und nicht vinyl-spezifisch (II). Die erste Gruppe ist nicht in der Lage Silikonkautschuk ohne Anteile von Vinyl-Gruppen zu vernetzen (d.h. MQ, FMQ und PMQ – vgl. auch Tabelle 1). Im Gegensatz dazu vernetzen die Peroxide der zweiten Gruppe jeden Silikonkautschuk-Typ [30, 67]. Folgende Arten von Peroxiden werden derzeit eingesetzt: Diaroylperoxide (I), Dialkyl Peroxide (II), Diaralkylperoxide (II), Alkylaroyl- (II), Alkylaylperoxide (II) bzw. Mischungen verschiedener Gruppen [30, 66]. Das in der Industrie am häufigsten verwendete Peroxid zur drucklosen Vulkanisation im Bereich der Extrusion ist ein Di(2,4-Dichlorobenzoyl) Peroxid, welches zur Gruppe der Diaroylperoxide gehört. Für technische Formteile wird vor allem das Dicumylperoxid (Dialkyl Peroxide) eingesetzt [30, 67].

Neben der Art des Silikonkautschuks, welcher vernetzt werden kann, liegt der Hauptunterschied der organischen Peroxide in der optimalen Gebrauchstemperatur sowie in der Vernetzungsgeschwindigkeit. Durch den Eintrag von Wärme zerfällt das Peroxid in freie Radikale. Diese Radikale greifen die Wasserstoffatome der Seitengruppe des Silikonkautschuks an und formen chemische Bindungen mit der Hauptkette aus [30] – siehe Abbildung 5. Genauere Informationen zu diesem Mechanismus sind unter anderem in [53, 60, 67 bis 69] beschrieben. Während der Vulkanisation mit Peroxiden entstehen niedermolekulare Spaltprodukte, welche mit Hilfe einer nachgeschalteten Wärmebehandlung, dem sogenannten Temperprozess, vor der weiteren Verwendung aus dem Vulkanisat entfernt werden [53, 54, 66].

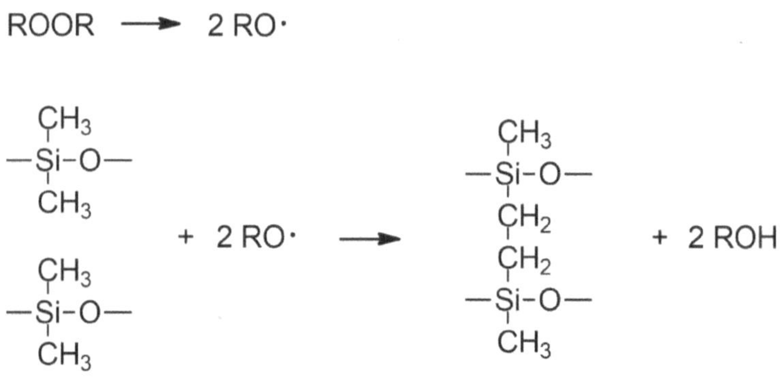

Abbildung 5: Schematischer Ablauf einer Vernetzungsreaktion mittels Peroxiden in Anlehnung an [70]

Die wichtigste Eigenschaft der Peroxide nach [60, 71] stellt die Zerfallsrate, welche als Halbwertszeit angegeben wird, dar. Die Halbwertszeit ist der Zeitpunkt, bei dem die Hälfte des eingesetzten Peroxides bei konstanter Temperatur zerfallen ist. Pro 10K fällt die Halbwertszeit um ca. ein Drittel [60]. Laut [7] verkürzt eine Temperaturerhöhung von 10 K die Heizzeit im Verarbeitungszyklus um bis zu 50 %. Zur vollständigen Vernetzung sind in der Literatur Zeiten von dem 7- [71] bis 10-fachen [60] der jeweiligen Halbwertszeit zu finden. Eine geringere Halbwertszeit ist nach [58, 71] gleichbedeutend mit einer geringeren thermischen Stabilität. Es muss abgewogen werden zwischen einem schnellen Start der Vernetzungsreaktion und als Folge dessen einer Reduzierung der Zykluszeit und der erhöhten Gefahr eines frühzeitigen Anvulkanisierens (=Scorch).

2.3.3. Kondensationsvernetzung

Die Kondensationsvernetzung findet vor allem bei raumtemperaturvernetzenden Silikonkautschuken Anwendung. In dieser Arbeit werden ausschließlich hochtemperaturvernetzende Festsilikonkautschuke betrachtet. Aufgrund dessen wird an dieser Stelle nicht näher auf diese Art der Vernetzung eingegangen. Weitere Informationen sind unter anderem bei [1, 30] zu finden.

2.4. Die Prozesskette bei der Verarbeitung von Festsilikonkautschuk

Festsilikonkautschuk wird üblicherweise ohne Vernetzungsmittel in Form von Barren ausgeliefert [11, 54]. Vor der eigentlichen Formgebung müssen dem Silikonkautschuk

Vernetzungsmittel bzw. weitere Füll- oder Farbstoffe hinzugegeben werden. Nach dem Formgebungsprozess findet der Temperprozess statt. Die nachfolgenden Ausführungen orientieren sich an dieser Prozesskette – siehe auch Abbildung 1.

2.4.1. Mischen von Kautschuk und Grundlagen der Rezepturentwicklung

Das Mischen von Silikonkautschuk stellt bei der Verarbeitung einen wichtigen Prozessschritt dar, da im späteren Verlauf keine weitere Homogenisierung des Materials stattfindet [72]. Aus diesem Grund müssen der Kautschuk und alle seine Bestandteile vor Zugabe in das Verarbeitungsaggregat homogen vermischt sein. Der Prozess des Mischens von Kautschuk gliedert sich nach Limper [72] in fünf Phasen - Abbildung 6.

Abbildung 6: Phasen des Mischprozesses in Anlehnung an Limper [72]

Die Phasen des Mischprozesses müssen unabhängig vom Mischverfahren vollzogen werden. Silikonkautschuke können diskontinuierlich und kontinuierlich gemischt werden. Das Walzwerk, der Innenmischer und der Doppelschneckenmischer gehören zu den diskontinuierlichen Mischaggregaten. Hierbei wird der Kautschuk batchweise gemischt. Diese Art der Materialaufbereitung findet vorrangig in der Industrie Anwendung [72]. Die kontinuierliche Aufbereitung von Kautschuk mit Hilfe von Doppelschneckenextrudern findet vorrangig im Bereich der Forschung und Entwicklung Anwendung [73]. Eine industrielle Anwendung hat sich bisher nicht durchgesetzt [2, 73]. Bei beiden Materialaufbereitungsmöglichkeiten (diskontinuierlich und kontinuierlich) steht die Temperaturführung im Mittelpunkt der Betrachtung: Jeder Mischprozess stellt einen Energieeintrag dar, welcher das Compound erwärmt [72]. Während des Mischprozesses darf die Massetemperatur des Compounds die materialspezifische Temperatur des Vernetzungsmittels nicht überschreiten, da das Material sonst bereits im Mischaggregat vulkanisiert. Als Ergebnis des Mischprozesses sollte ein homogenes und unvernetztes Compound entstehen [72].

In der Kautschukverarbeitung werden alle Komponenten mengenmäßig auf den Kautschuk bezogen und in „parts per hundred rubber" (kurz: phr) angegeben [1, 2, 21, 74]. Abbildung 7 zeigt beispielhaft eine Mischungszusammensetzung eines Silikonkautschuks in Anlehnung an [2, 28, 29]. Das Polymer bzw. der Kautschuk bestimmt nach Bogun [2] die Grundeigenschaften des späteren Compounds im Hinblick auf Medienbeständigkeit oder Festigkeit bzw. Elastizität. Aktive, d.h. verstärkende Füllstoffe erhöhen unter anderem die mechanischen Eigenschaften [42, 74 bis 77]. Inaktive Füllstoffe dienen als Streckmittel und zeigen in der Regel keine Erhöhung der mechanischen Eigenschaften [74, 76]. Hilfsstoffe dienen zur Verbesserung der Verarbeitungseigenschaften. Stabilisatoren werden dem Compound hinzugegeben, um die thermische oder chemische Beständigkeit zu beeinflussen. Die Art und der Anteil an Vernetzungsmittel beeinflussen maßgeblich die Vernetzungsreaktion und die späteren Eigenschaften des Elastomers [78]. Das Materialgemisch wird nach Abschluss des Mischprozesses in Form von Streifen o.ä. ausgetragen [7, 16, 25].

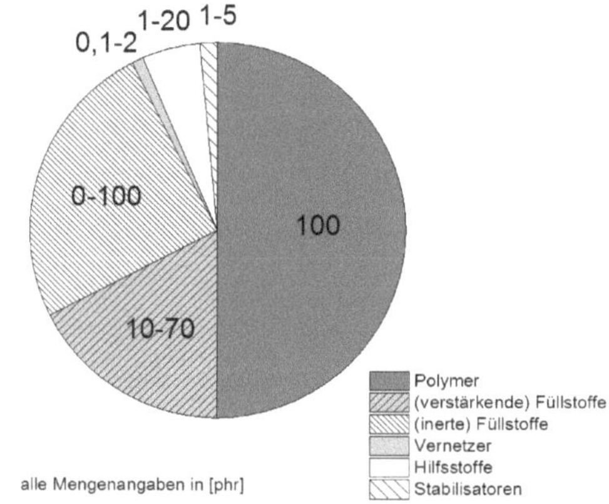

Abbildung 7: Beispielhafte Rezeptur einer Silikonkautschukmischung nach [2, 28, 29]

2.4.2. Aussieben von Verschmutzungen zur Verbesserung der Produktqualität

Unter Strainern wird das Aussieben von Verschmutzungen oder anvernetzten Kautschukpartikeln verstanden [6, 16, 24, 72, 79]. Ein Siebpaket zum Strainern besteht aus verschiedenen Sieben mit unterschiedlicher Maschenweite (zwischen 0,1 und 2,5 mm). Die Siebe sind so angeordnet, dass die Maschenweite in Extrusionsrichtung abnimmt. Nach dem feinsten Sieb folgt eine Lochplatte. Das Strainern wird vor allem bei Produkten mit hohen

Anforderungen an die Oberflächenqualität eingesetzt. Es erfolgt entweder nach dem Mischprozess oder während der Extrusion. Beim Einsatz in der Extrusion ist das Siebpaket zwischen Extruder und Werkzeug zur Formgebung angeordnet. Die Lochplatte hat, neben der Vermeidung von Deformationen des Siebpaketes, die Aufgabe, eine Spiralbewegung der Schmelze, welche durch die Rotation der Schnecke im Zylinder hervorgerufen wird, zu verhindern. Das Filtern der Schmelze durch das Siebpaket verursacht eine Scherung des Materials und erhöht die Materialtemperatur. Das Auftreten von Scorch (=Anvulkanisation des Kautschuks) wird begünstigt [1, 16, 55, 79, 80].

Durch Vergrößerung der Kontaktfläche zwischen wärmeisolierendem Kautschuk und wärmeleitendem Metall der Lochscheibe wird der Wärmetransfer erhöht. Eine verbesserte thermische Homogenität des Kautschuks ist die Folge. Um den notwendigen Druck zum Überbrücken des Siebpaketes bereitzustellen, wird oftmals eine Zahnradpumpe vor das Siebpaket geschaltet [16, 79]. Ohne ein Siebpaket, d.h. ohne weiteren Druckverbraucher, sind höhere Extrusionsgeschwindigkeiten realisierbar. Aus diesem Grund lassen einige Verarbeiter das Strainern im Extrusionsprozess außen vor [24].

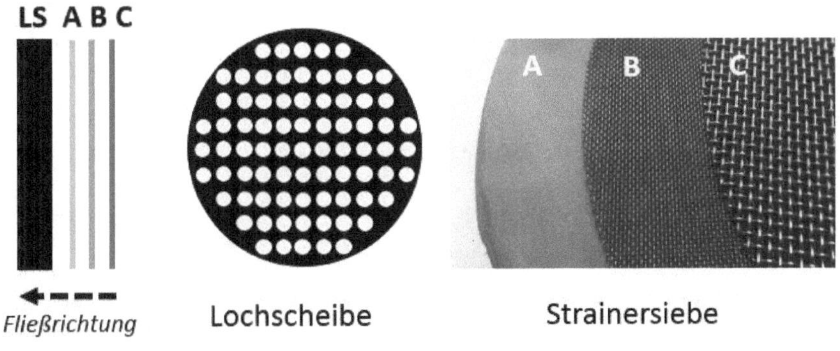

Abbildung 8: Siebpaket inklusive Lochscheibe mit verschiedenen Strainersieben in Anlehnung an [81]

2.4.3. Typische Formgebungsprozesse im Bereich der Festsilikonkautschuke

Die Formgebung von Kautschuken erfolgt üblicherweise mittels Pressverfahren, Spritzgießen oder der Extrusion [6, 7]. Limper et al. [6] unterteilen die Verfahren zur diskontinuierlichen Herstellung technischer Formteile nach der Reihenfolge ihrer technischen Entwicklung in

- Pressverfahren (=Compression Moulding)
- Spritzpressverfahren (=Transfer Moulding)
- Spritzgießverfahren (=Injection Moulding) und
- Spritzprägeverfahren (=Injection Transfer Moulding).

Um kontinuierlich Halbzeuge oder Fertigprodukte zu produzieren, wird das Verfahren der Extrusion genutzt [6]. Alle weiteren Ausführungen beziehen sich auf die Extrusion von Kautschuk und speziell der Silikonkautschuke.

2.4.4. Das Tempern als zentraler Nachbehandlungsprozess

Nach dem Formgebungsprozess werden die Silikonelastomere einem Wärmebehandlungsprozess, dem Tempern, unterzogen. Dies hat zum Ziel, die Elastomere vollständig auszuvulkanisieren, flüchtige Spaltprodukte, welche vor allem bei der Vernetzung mit Hilfe von Peroxiden auftreten, aus dem Vulkanisat zu entfernen und die gesetzlichen Anforderungen, welche unter anderem in der Medizintechnik und Lebensmittelindustrie bestehen, zu erfüllen [1, 7, 35, 40, 54, 56]. Eine Folge des Temperprozesses ist ein Gewichtsverlust von bis zu 2,5 Gew.-% (=Gewichtsprozent) [54]. Für den Temperprozess werden Umluftöfen eingesetzt, die eine ausreichende Frischluftzufuhr gewährleisten. In der Literatur sind Angaben zwischen 100 – 120 l/min/kg zu finden. Bei unzureichender Sauerstoffzufuhr kann es zur Depolimerisation kommen [7, 54].

2.5. Grundlagen der Kautschukextrusion

Die Grundlagen der Kautschukextrusion unterteilen sich in die Anlagentechnik mit dem Fokus auf den Extruder und die entsprechende Werkzeugtechnik. In Abhängigkeit der Extrudatgeometrie und des Anwendungsfalls gibt es verschiedene Verfahren zur kontinuierlichen Vulkanisation.

2.5.1. Extruder – Arten und zentrale Bauelemente

Seit Mitte des neunzehnten Jahrhunderts werden Kautschukextruder gebaut. Sie stellen die ältesten Extruder dar und wurden lange Zeit vor der Verarbeitung von Thermoplasten eingesetzt [16, 82]. Wie in Abbildung 9 dargestellt, gibt es eine Vielzahl an Bauformen je nach

Anwendungsfall. Die Extrusion von Kautschuk findet vorrangig auf Einschneckenextrudern statt.

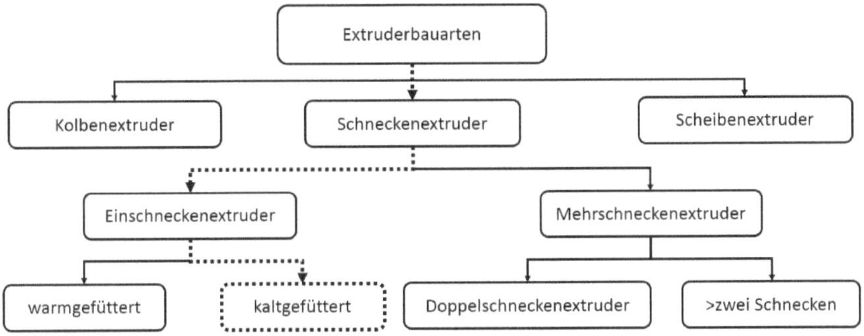

Abbildung 9: Zusammenfassung der Extruderbauarten in Anlehnung an [16, 80]

Eine Zusammenfassung der verschiedenen Bauarten von Kautschukextrudern ist unter anderem in [79, 80, 82] zu finden. Die Prozessführung der Extrusion von organischem Kautschuk unterscheidet sich nicht grundlegend von der Verarbeitung von Silikonkautschuk - es gibt jedoch einige Unterschiede [23]. Abbildung 10 zeigt die elementaren Aufgaben eines Extruders und verdeutlicht die Unterschiede zwischen der Verarbeitung von organischem Kautschuk und dem synthetischen Silikonkautschuk.

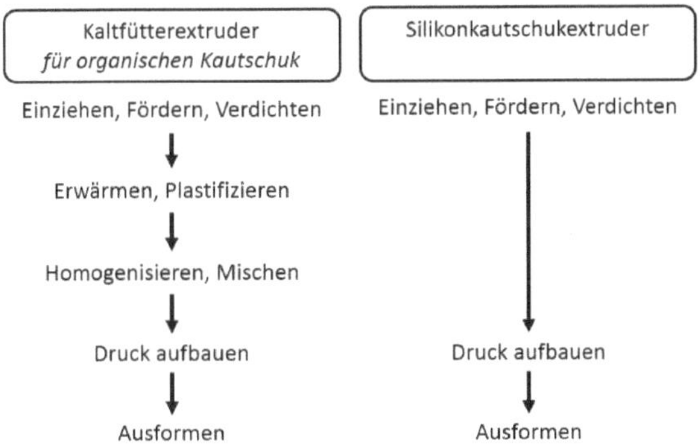

Abbildung 10: Übersicht über die Aufgaben des Extruders bei der Verarbeitung von organischem Kautschuk im Vergleich zum Silikonkautschukextruder in Anlehnung an [1]

Sowohl organischer Kautschuk als auch Silikonkautschuk werden in Form von Streifen über eine Speisewalze dem Extruder zugeführt [2, 7, 23, 79, 82]. Pellets oder Granulate sind, aufgrund der hohen Eigenklebrigkeit und der nur bedingten Rieselfähigkeit, weniger geeignet. Eine vollautomatische Zuführung von Endlosstreifen stellt vor allem bei niedrig-viskosen Materialmischungen, aufgrund der erhöhten Gefahr des Abreißens, eine Herausforderung dar. Eine manuelle bzw. halb-automatische Zuführung ist Stand der Technik [7]. Nach Limper [25] findet bei konstanter Streifengeometrie und Extruderdrehzahl ein Überfüttern im Einzugsbereich statt [6]. Es bildet sich ein „Knet", welcher den weiteren Streifeneinzug beeinflusst und so für eine Art selbstgeregelte Materialzuführung sorgt. Ein Unterfüttern des Extruders führt zu Druck- und Ausstoßschwankungen, welche wiederum die Extrudatqualität beeinflussen. Dies sollte vermieden werden [79]. Neben der technischen Auslegung der Einzugszone haben nach Tylor [24] auch die rheologischen Eigenschaften des verwendeten Compounds maßgeblichen Einfluss auf die Materialzuführung. Ein „Verstrammen" (sogenanntes Crepe Hardening [29, 83]) des Materials, welches durch zunehmende Füllstoff-Polymer-Wechselwirkungen aufgrund langer Lagerzeiten hervorgerufen wird, führt zu einem schlechteren Materialeinzug im Vergleich zu „frisch" gemischtem Silikonkautschuk. Ein Aufwalzen des Kautschuks macht diesen Effekt oftmals rückgängig [83].

Bei der Verarbeitung von organischem Kautschuk kommen warm- und kaltgefütterte Extruder zum Einsatz. Das Temperaturniveau im Extruder liegt bei 80 bis 120°C [74, 82]. Im Vergleich dazu sollte die Extrusion von Silikonkautschuk bei Raumtemperatur erfolgen, um die Gefahr eines frühzeitigen Anvulkanisierens des Materials im Extruder zu minimieren [23]. Nach Köster et al. [79] führt ein Anvulkanisieren des Materials zu einer drastischen Drehmomenterhöhung, welche neben einem erhöhten Reinigungsaufwand auch einen Schneckenbruch verursachen kann. Um die Mischwirkung (thermisch und mechanisch) zu erhöhen, ist bei organischen Kautschuken die Sonderbauart eines kaltgefütterten Stiftextruders Stand der Technik [74, 79, 84]. Die Stifte sind am Zylindermantel angebracht und ragen bis tief in den Schneckengrund. Neben einer Erhöhung der Kontaktfläche zum Kautschuk führt das Umströmen der Stifte zu einer erhöhten Mischwirkung [6, 74, 79, 82, 85]. Im Gegensatz dazu kommen bei der Extrusion von Silikonkautschuk ausschließlich Glattrohrzylinder mit wassergekühltem Mantel zum Einsatz. Zur Vermeidung von Scorch-Effekten sind die Schnecken hohlgebohrt und ebenfalls wassergekühlt [23]. Sie dienen primär der Materialförderung und dem Druckaufbau. Lehnen [26] stellte fest, dass beim Einsatz von Förderschnecken keine homogene Durchmischung des

Materials erfolgt. Das hat zur Folge, dass dem Extruder ein bereits homogenes Materialcompound zugefüttert werden muss.

Im Gegensatz zu Extrudern zur Verarbeitung von organischem Kautschuk mit einer Verfahrenslänge von ca. 12-16 D [74, 79] hat sich bei der Extrusion von Silikonkautschuk eine Länge von 10-12 D etabliert [7, 23]. Die Herausforderung beim Einsatz kurzer Schneckenlängen ist die erhöhte Anfälligkeit gegen Unterfüttern [23, 24]. Aufgrund der Tatsache, dass Kautschuk weitestgehend inkompressibel ist, wird eine konstante Gangtiefe empfohlen [1, 24, 25]. Ein tiefer Schneckengrund erhöht den Ausstoß und wirkt sich positiv auf die kontinuierliche Fütterung aus [23, 82]. Zudem reduziert er den scherbedingten Wärmeintrag in das Material [1]. Begrenzt wird dieser Umstand durch die reduzierte Festigkeit der Schnecke [9] – die Übertragung der Drehmomente darf nicht zu einem Schneckenbruch führen.

Zur Verbesserung der Prozessstabilität (Neigung zur Pulsation) dient bei kurzen Schneckenlängen eine leichte Kompression [25]. Um den notwendigen Druck aufzubauen, werden Silikonkautschukschnecken oftmals mit einer Kompression von 1,5:1 oder 2:1 ausgelegt. Dies wird entweder durch eine Kernprogression oder durch Verringerung der Gangsteigung erreicht [7, 23]. Die Verwendung einer Kompression ist physikalisch nicht erklärbar und beruht auf empirischem Wissen.

Im Gegensatz zu den meisten Kautschukextrudern, welche zweigängig ausgelegt sind [1, 7], stellen eingängige Schnecken mit abnehmender Steigung eine Lösung für Silikonkautschuk dar [23]. Nach Tylor [24] lassen sich auch eine Vielzahl von Silikonkautschuk-Compounds mit zweigängigen Schnecken verarbeiten. Wesentliche Vorteile eingängiger Schnecken sind die geringere Anfälligkeit gegen Unterfüttern und der höhere Ausstoß bei gleicher Drehzahl und Kompression im Vergleich zu zweigängigen Schnecken. Um die Gleichmäßigkeit des Volumenausstoßes zu erhöhen, wird in der Austragszone von eingängiger zu zweigängiger Ausführung gewechselt [23]. Die Steigung der Gänge kann 1 D oder höher betragen [7]. Zur Reduzierung des Verschleißes werden die eingesetzten Schnecken in der Regel oberflächenbehandelt (z.B. mittels Nitrierung) [7, 82].

Silikonkautschukextruder sind in horizontaler und vertikaler Ausführung verfügbar [7, 23]. Bei der horizontalen Ausführung stehen der Extruder und die anschließende Vulkanisationsstrecke auf der gleichen Ebene. Das Extrudat wird ohne Höhenunterschied durch die Extrusionslinie geführt. Bei der vertikalen Ausführung steht der Extruder auf einem Podest: Über ein Umlenkwerkzeug wird das Extrudat von oben nach unten geleitet und durchläuft die Vulkanisationsstrecke vertikal – siehe Abbildung 11. Eine weitere Möglichkeit ist die Extrusion von unten nach oben. Hierbei ist der Extruder ebenerdig platziert und das Extrudat wird vertikal von unten nach oben durch die Vulkanisationsstrecke geführt. Vor- und Nachteile dieser Prozessführung werden in Kapitel 2.5.3 beschrieben.

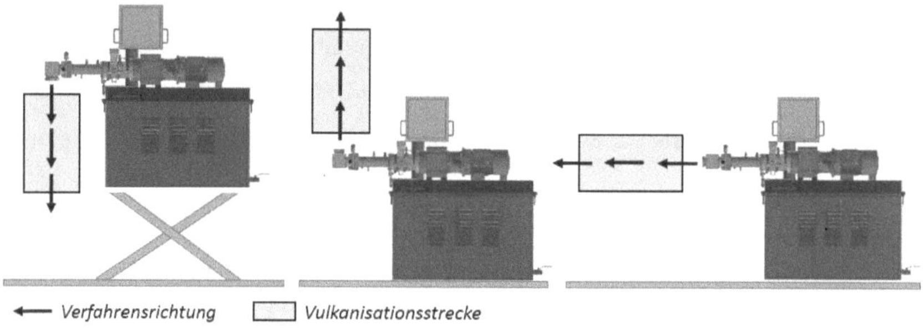

Abbildung 11: Übersicht über die verschiedenen Verfahrensvarianten bei der Extrusion von Silikonkautschuk [86, 87]

Nach Lehnen [26] oder Rauwendaal et al. [16] ist es die Aufgabe der Extrusion, einen möglichst großen Durchsatz bei gleichzeitig hoher Extrudatqualität zu generieren. Fuchs [7] unterteilt diese Aufgabe im Hinblick auf die Extrusion von Silikonkautschuk in folgende Hauptanforderungen an den Extruder: Die Massetemperatur des Silikonkautschuks sollte so niedrig wie möglich sein, um ein unerwünschtes Anvernetzen zu verhindern. Die durch die Schneckendrehzahl erzeugte Schererwärmung muss durch eine passende Kühlung abgeführt werden [41]. Alle Bauelemente des Extruders werden im Hinblick auf diese Anforderungen gestaltet. In Abbildung 12 ist das sogenannte Leistungsdreieck der Extrusion dargestellt. Alle aufgeführten Faktoren Ausstoß, Temperatur und Produktqualität müssen berücksichtigt werden und limitieren sich je nach Ausprägung. Eine Erhöhung des Ausstoßes, z.B. durch Erhöhung der Schneckendrehzahl, geht mit einer Materialerwärmung aufgrund von Dissipation einher. Dies erhöht die Gefahr von Scorch. Als Folge des erhöhten Ausstoßes kann es zu Fließinstabilitäten kommen, welche die Qualität des Extrudates negativ beeinflussen können.

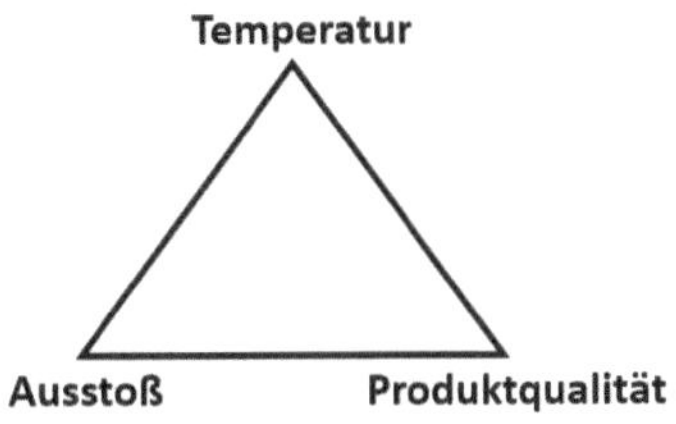

Abbildung 12: Leistungsdreieck bei der Extrusion von Kautschuk nach [79]

2.5.2. Werkzeugtechnik in der Extrusion - Allgemeines und Besonderheiten bei der Kautschukextrusion

In der Literatur wird zwischen Mono-Extrusionswerkzeugen und Co-Extrusionswerkzeugen unterschieden. Bei den Mono-Extrusionswerkzeugen erfolgt der Materialaustritt längs bzw. quer zur Längsachse des Extruders. Bei der Co-Extrusion werden mehrere Materialien mit ggf. unterschiedlichem Eigenschafts- und Fließprofil gleichzeitig durch ein Werkzeug extrudiert [79]. Die Werkzeugtypen werden unter anderem nach dem Austrittsquerschnitt unterteilt. Abbildung 13 zeigt eine Übersicht über gängige Werkzeugtypen [17]. Es werden kreisringförmige Austrittsquerschnitte zur Fertigung von Rohren und Vollstäben, schlitzförmige Austrittsquerschnitte zur Produktion von Platten und Folien, sowie beliebige Austrittsquerschnitte für geometrisch einfache Profile unterschieden. Rohre und Vollstäbe fallen nach Michaeli [17] unter die Kategorie „geometrisch einfach" und können mit Hilfe von Blendenwerkzeugen o.ä. hergestellt werden.

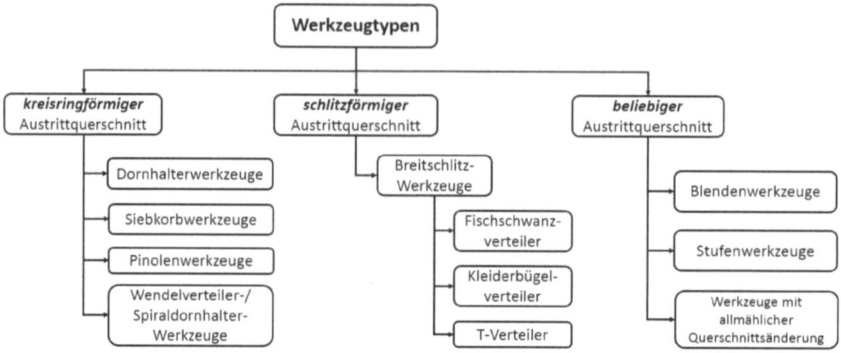

Abbildung 13: Übersicht über gängige Werkzeugtypen für verschiedene Austrittsquerschnitte in Anlehnung an [17]

Aufgrund der großen Produktvielfalt ist eine breite Auswahl an Werkzeuggeometrien im Bereich der Extrusion vorhanden. Für die Fertigung von Profilen aus Gummi sind einfache Werkzeuggeometrien im Einsatz [17]. Die Gestaltung von Profilwerkzeugen basiert auf empirischem Wissen [16 bis 20]. Das Blendenwerkzeug ist aufgrund der geringen Fertigungskosten und des schnellen Werkzeugwechsels im Kautschukbereich weit verbreitet und hat sich auch für die Verarbeitung von Silikonkautschuk bewährt [6, 23, 24]. Einen Nachteil dieser Werkzeuge stellt der hohe Einfahraufwand in einem iterativen Prozess mit Nacharbeiten am Werkzeug dar. Ein weiterer Nachteil ist das Auftreten von zum Teil großen Totwassergebieten. Eine lange Verweilzeit in diesen Gebieten in Kombination mit der Dissipation kann nach [6, 23] zum Anvernetzen des Kautschuks führen. Das Ablösen einzelner Partikel führt zu unregelmäßigen Stippen an der Oberfläche des Extrudates. Konische Einsätze sollen das Auftreten von Totwassergebieten verhindern und den Schmelzefluss optimieren. Ein Materialwechsel impliziert eine Werkzeuganpassung bis hin zu einer kompletten Neugestaltung. Rauwendaal et al. [16] unterscheiden in der Profilextrusion zwei Arten von Werkzeugen: Lochplatten oder Blendenwerkzeuge und stromlinienförmige Düsen (≡ Werkzeuge mit allmählicher Querschnittsänderung – siehe Abbildung 14).

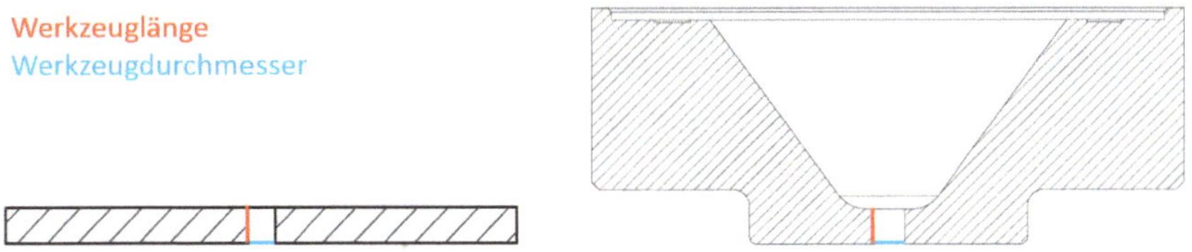

Abbildung 14: Skizze einer Lochplatte (links) und stromlinienförmiges Werkzeug (rechts) mit gekennzeichneter Werkzeuglänge (rot) und Werkzeugdurchmesser (blau)

Alle Düsen bzw. Werkzeuge stellen einen Druckverbraucher dar [88]. Unabhängig von dem eingesetzten Werkzeug schwellen alle Polymere beim Durchströmen von Düsen an [20, 89, 90]. Dieses Phänomen wird auch Strangaufweitung genannt [91]. Kautschuke zeigen deutlich diesen Effekt [20]. Durch die anschließende Vulkanisation des Kautschuks kommt es zum Schrumpf und somit einer Verkleinerung des Volumens. Der Schrumpf kompensiert teilweise die Strangaufweitung [23]. Verschieden viskose Silikonkautschuke zeigen nach Verlassen der Düse eine unterschiedlich stark ausgeprägte Strangaufweitung: niedrig-viskose Typen mit geringem Füllstoffanteil quellen stärker als hoch-viskose Kautschuke [7, 19].

Nach Michaeli [17] haben konvergente Kanalbereiche einen verstärkenden Effekt auf die Strangaufweitung, wohingegen parallele Bereiche – sogenannte Bügelzonen – zu einem Abbau der reversiblen elastischen Deformationen der Polymerschmelze, welche als Ursache für den Effekt der Strangaufweitung gelten, führen. Der Nachteil von Bügelzonen ist ein vermehrter Druckverbrauch. Eine reduzierte Extrusionsgeschwindigkeit ist die Folge [24]. Somit entsteht ein Zielkonflikt zwischen erhöhtem Druckverlust durch Bügelzonen und vermehrter Strangaufweitung. Anpassungen der Geometrie finden in der Regel durch Veränderung des Einlaufwinkels und/oder Veränderung des Längen- zu Durchmesser-Verhältnisses (kurz: L/D) statt [88]. Für die Extrusion von Silikonkautschuk hat sich nach Tylor [24] ein L/D-Verhältnis von 1:1 als effektiv herausgestellt.

2.5.3. Kontinuierliche Vulkanisationsverfahren

Die Herausforderung bei der Vulkanisation im Extrusionsprozess ist die kontinuierliche Wärmeeinbringung in den Kautschuk. Fuchs [7] unterteilt die Möglichkeiten der kontinuierlichen Vulkanisation in drucklos und unter Druck, sowie senkrechte bzw. waagrechte Durchführung. Je nach Anwendungsfall und Extrudatgeometrie erschließen sich die Vorteile der jeweiligen Vulkanisationsmethode [23]. Der Kautschuk verlässt in der Regel das Werkzeug in einem plastisch verformbaren Zustand. Er ist anfällig gegenüber Deformationen und Markierungsabdrücken durch ein Transportband. Eine senkrechte Führung des Extrudates durch die Vulkanisationsstrecke ist hier von Vorteil. Begrenzt wird diese Lösung durch ein zu hohes Eigengewicht des Extrudates, welches zum Abreißen führen kann. Ein mögliches Einschnüren mit einer Verringerung des Austrittsquerschnitts muss durch die Werkzeuggestaltung ausgeglichen werden [7, 23].

Nachfolgend sind gängige Möglichkeiten zur kontinuierlichen Vulkanisation für alle Kautschuke aufgeführt und in Abbildung 15 schematisch dargestellt. Für Silikonkautschuke haben sich vor allem die Vulkanisation mittels Heißluft und Infrarot-Strahlung etabliert.

Dampfrohr

Die Vulkanisation in einem Dampfrohr erfolgt bei Drücken bis zu 25 bar und einer Temperatur von 180 bis 200°C. Sie wird vor allem in der Kabelindustrie angewendet. Ein wesentlicher Vorteil dieser Methode ist die hohe Vulkanisationsgeschwindigkeit. Die Vulkanisationstunnel können in Abhängigkeit der Extrudatgeometrie bzw. der Extrusionsgeschwindigkeit eine Länge von 20 bis 80 m erreichen [6, 7, 23].

Flüssigkeitsbadvulkanisation

Bei der Flüssigkeitsbadvulkanisation (auch LCM genannt – Liquid Curing Method) wird das Extrudat in einer erwärmten Flüssigkeit (in der Regel ein Salzgemisch) vulkanisiert. Die Herausforderung hierbei stellen mögliche Verformungen durch den Auftrieb von Extrudaten mit Hohlkammern dar. Alternativ kann das Extrudat mit dem Salzgemisch besprüht werden [92]. Nach Verlassen der Vulkanisationsstrecke muss das Extrudat von dem gesundheitsgefährdenden Salzgemisch gereinigt werden [6, 23, 92, 93].

Heißluftvulkanisation

Die Vulkanisation von Kautschuken erfolgt oftmals mittels Heißluftöfen (HAV = Hot-Air-Vulcanizing [23]). Hierbei wird ein erwärmter Luftstrom turbulent durch einen Ofen geführt, welcher den Kautschuk drucklos erwärmt und so vulkanisiert. Die Vulkanisation erfolgt über Konvektion [7]. Aufgrund der geringen Wärmekapazität von Luft (1 [kJ/kg*K] nach [33]) können nur geringe Liniengeschwindigkeiten realisiert werden. Eine Verlängerung der Vulkanisationsstrecke bzw. ein Zick-Zack-Durchführen des Extrudates mit Hilfe von

Umlenkrollen schaffen hier Abhilfe [6]. Hill [92] und Luther [93] bezeichnen dieses Verfahren als das bedeutendste bei der Fertigung von Elastomerprofilen [23].

Sonstige Verfahren

Weitere Möglichkeiten sind die Vulkanisation mittels Mikrowellen-Strahlung, das Fließbett-Verfahren und die Vernetzung mittels Infrarot-Strahlung [6, 23, 92]. Durch IR-Strahlertemperaturen von bis zu 750°C wird das Extrudat schockvulkanisiert und so vor unerwünschten Deformationen oder Abdrücken geschützt. Einen Nachteil der Vulkanisation mittels IR-Strahlung stellt der Austausch der Infrarotstrahler nach einer vorgegebenen Betriebsstundenzahl dar [7].

Im Gegensatz zur Vulkanisation von organischem Kautschuk ist bei peroxidisch-vernetzenden Festsilikonkautschuken nicht zwingend erforderlich, dass die kontinuierliche Vulkanisation mit DCIBP unter Ausschluss von Luftsauerstoff erfolgt. Unerwünschte Reaktionen, welche zu klebrigen Oberflächen des Extrudates führen, treten hier nicht auf [6, 74].

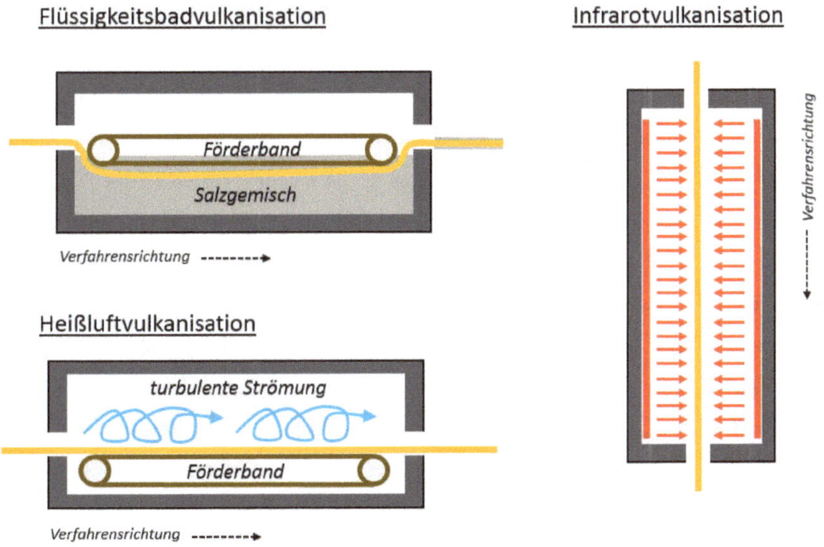

Abbildung 15. Schematische Darstellung ausgewählter kontinuierlicher Vulkanisations-verfahren

3. Motivation, Zielsetzung und Kernthemen der Arbeit

Bei der Verarbeitung mittels Extrusion wird deutlich, dass die Maschinentechnik im Bereich der organischen und anorganischen Kautschuke sich grundlegend ähnelt. Die Prozessführung jedoch zeigt in Abhängigkeit des eingesetzten Materials (organischer Kautschuk oder synthetischer Silikonkautschuk) deutliche Unterschiede.

In der Elastomerverarbeitung werden Herausforderungen während der Verarbeitung üblicherweise nicht durch Optimierung des Prozesses, sondern primär durch Modifikation der Mischungszusammensetzung gelöst [26, 80]. Änderungen der Materialrezeptur können je nach Industriezweig weitreichende Folgen unter anderem in Bezug auf gesetzliche Vorgaben nach sich ziehen. Eine Optimierung des Verarbeitungsprozesses stellt im Gegensatz dazu einen geringeren zeitlichen und wirtschaftlichen Aufwand dar.

Eine Prozessoptimierung kann laut Harms [80] nur erfolgen, wenn die Maschinenparameter, die rheologisch-thermodynamischen Vorgänge im Material und die verfahrenstechnischen Daten korrelieren. Ein Zusammenhang dieser Größen kann nur durch systematische Analysen auf Basis einer Vielzahl von Verarbeitungsdaten fundiert hergestellt werden.

Das Ziel der vorliegenden Dissertation ist es, einen Beitrag zur grundlegenden Analyse des Extrusionsprozesses von Festsilikonkautschuk zu leisten und das Prozessverständnis zu vertiefen. Ein verbessertes Prozessverständnis hilft, den Materialverbrauch u.a. durch Reduzierung von Prozessschwankungen, Verkürzung von Anfahr- bzw. Einfahrprozessen von Werkzeugen zu senken und Ressourcen bzw. Kosten zu sparen. Die allgemeine Prozesskette bei der Verarbeitung von Silikonkautschuk (siehe Abbildung 1) dient als Orientierung und gliedert die Arbeit in die folgenden Kernthemen:

Zur Charakterisierung des rheologischen Verhaltens der eingesetzten Festsilikonkautschuke werden die Materialien mit Hilfe eines Hochdruck-Kapillarrheometers untersucht. Der Einfluss von Druck, Temperatur und Schergeschwindigkeit soll kritisch betrachtet werden. Neben etwaig auftretenden Fließinstabilitäten werden die Phänomene Strangaufweitung und das Auftreten von Wandgleiteffekten beleuchtet.

Im Anschluss an die Formgebung müssen die Silikonkautschuke schnellstmöglich ausvulkanisiert und so formbeständig werden, um Deformationen zu vermeiden. Ein frühzeitiges Anvulkanisieren im Extruder bzw. im Werkzeug muss jedoch vermieden werden. Eine Analyse des Vulkanisationsverhaltens in Abhängigkeit verschiedener Einflussparameter mit Hilfe eines Rubber Process Analyzers soll den Reaktionsverlauf veranschaulichen und

Aufschluss über die Vulkanisationszeit in Abhängigkeit der eingestellten Prozessparameter geben.

Zum grundlegenden Prozessverständnis der Extrusion gehört die Identifikation der einflussnehmenden Prozessparameter auf ausgewählte Eigenschaften des Extrudates am Beispiel der eingesetzten vertikalen Silikonextrusionslinie. Mit Hilfe der statistischen Versuchsplanung sollen die signifikanten Einflussparameter identifiziert und die Prozess-Eigenschafts-Beziehungen durch Regressionsmodelle dargestellt werden. Hierbei sollen die Parameter Schneckendrehzahl, Materialtemperatur, Infrarot-Tunneltemperatur, Tunnelhöhe und die Höhe des Durchhanges variiert werden, um die Prozess-Eigenschafts-Beziehungen in Bezug auf Ausstoß, Strangaufweitung und Extrudattemperatur zu identifizieren und zu quantifizieren.

Neben den Prozessparametern hat die Werkzeuggestaltung Einfluss auf die geometrischen Maße des Extrudates. Die Entwicklung geeigneter Werkzeugtechnik am Beispiel rotationssymmetrischer Querschnitte soll durch den Einsatz von Blendenwerkzeugen mit variierenden Längen- zu Durchmesser-Verhältnissen am realen Extrusionsprozess beleuchtet werden.

Die Abbildung 16 fasst die Kernthemen der vorliegenden Dissertation zusammen und ordnet sie in die Prozesskette der Extrusion ein. Der Nachfolgeprozess des Temperns wird nicht näher betrachtet, da er einen separaten Prozessschritt nach dem eigentlichen Formgebungsprozess darstellt und somit nicht von primärem Interesse für die verfahrenstechnische Analyse des Extrusionsprozesses von Festsilikonkautschuk ist.

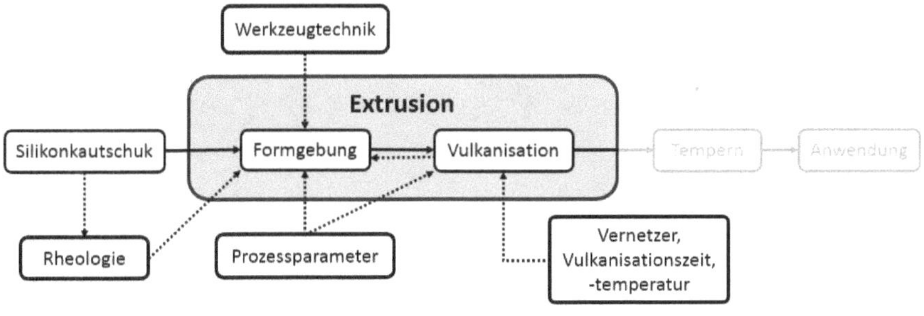

Abbildung 16: Kernthemen der vorliegenden Dissertation in Anlehnung an die Prozesskette

4. Verwendete Materialien

In diesem Kapitel werden die verwendeten Materialien und deren Rezepturen, soweit bekannt, erläutert. Bei allen in dieser Arbeit untersuchten Festsilikonkautschuken handelt es sich um kommerziell erhältliche Silikonkautschuke der Gruppe VMQ verschiedener Materialhersteller. Es wurden Härtegrade zwischen 10 und 80 Shore A gewählt, um den Einfluss verschiedener Shore-Härten und resultierender Füllstoffgehalte auf die Verarbeitungseigenschaften zu identifizieren und zu quantifizieren. Über die genaue Materialzusammensetzung machen die Hersteller keine näheren Angaben.

Tabelle 2 zeigt eine Übersicht über die hier untersuchten Festsilikonkautschuke und gibt Aufschluss über ausgewählte Eigenschaften. Weitere Informationen sind aus den technischen Datenblättern der Materialhersteller zu entnehmen. Bei allen peroxidisch-vernetzten Materialien wurde der Vernetzer mit einem Mengenanteil von 1,5 phr bzw. 0,7 phr mit Hilfe eines konischen Doppelschneckenmischers der Firma Colmec S.p.A./Italien mit konstanten Prozessparametern eingemischt. Ein vorzeitiges Vernetzen wurde durch aktives Kühlen der Compounds während des Mischprozesses vermieden. Als Vernetzungsmittel wurden organische Peroxide der Firma Akzo Nobel/Niederlande eingesetzt: Hierbei handelt es sich um ein Di(2,4-Dichlorobenzoyl) Peroxid mit dem Handelsnamen Perkadox PD-50S-ps (1,5 phr). Die optimale Vulkanisationstemperatur laut Herstellerdatenblatt beträgt 90°C [94]. Zu Vergleichszwecken wurde das Dicumylperoxid mit dem Handelsnamen Perkadox BC-40s-ps (0,7 phr) mit einer optimalen Vulkanisationstemperatur von 170°C verwendet [95].

Das additionsvernetzende Material Synersil 109011 wurde in den Komponenten A und B von der Firma WEGU synerSil GmbH/Deutschland bezogen. Vor der Verarbeitung wurden die beiden Komponenten im Verhältnis 1:1 mit Hilfe des konischen Doppelschneckenmischers von Colmec S.p.A./Italien gemischt. Nähere Angaben zum Vernetzungssystem sind nicht vorhanden.

Tabelle 2: Ausgewählte Eigenschaften der untersuchten Festsilikonkautschuke

Bezeichnung [-]	Material-hersteller [-]	Vernetzer-system [-]	Härte [Shore A]	Dichte [g/cm³]	Rückstand TGA [%]	Reiß-dehnung [%]	Rückprall-Elastizität [%]
ELASTOSIL® R 401/10	Wacker Chemie	Peroxid	13	1,07	17*	1300	39
ELASTOSIL® R 401/30S	Wacker Chemie	Peroxid	30	1,10	24*	880	54
Synersil 109011	WEGU synerSil	Pt	40*	1,10	73*	830*	52*
ELASTOSIL® R 401/60	Wacker Chemie	Peroxid	61	1,15	31*	440	57
Xiameter RBB 2100-60	Dow Corning	Peroxid	61	1,17	32*	400	52*
Silplus 60 EX	Momentive	Peroxid	62	1,19	35*	500	48*
ELASTOSIL® R 401/80	Wacker Chemie	Peroxid	80	1,20	38*	420	53

* = eigene Messungen/selbst ermittelte Werte; alle nicht markierten Werte sind den technischen Datenblättern des Herstellers entnommen

5. Ermittlung des rheologischen Verhaltens von Festsilikonkautschuk

Etwaig auftretende Fließphänomene oder -instabilitäten, welche sich unter anderem in Oberflächen- oder Volumendefekten bzw. Unregelmäßigkeiten auf der Extrudatoberfläche äußern, liegen oftmals im rheologischen Verhalten des Materials begründet. Im folgenden Kapitel wird auf das rheologische Verhalten von Silikonkautschuk näher eingegangen.

5.1. Stand der Forschung und Technik

Die rheologischen Eigenschaften von Polymeren hängen von Art und Höhe der Beanspruchung ab [96]. Ein Großteil der Polymere verhält sich in der Regel strukturviskos, d.h. die Viskosität nimmt mit steigender Schergeschwindigkeit ab. Zur Messung des rheologischen Verhaltens werden je nach Anwendungsfall verschiedene Rheometer eingesetzt. Detaillierte Informationen, welche die jeweiligen Besonderheiten sowie Vor- und Nachteile der einzelnen Rheometer aufzeigen, sind unter anderem bei [96 bis 100] zu finden. Ein elementarer Unterschied der Rheometer besteht in dem Bereich der darstellbaren Deformationsgeschwindigkeit. Abbildung 17 zeigt eine Übersicht über ausgewählte Rheometer und deren darstellbaren Schergeschwindigkeitsbereich. Der dazugehörige Verarbeitungsprozess wird gegenübergestellt.

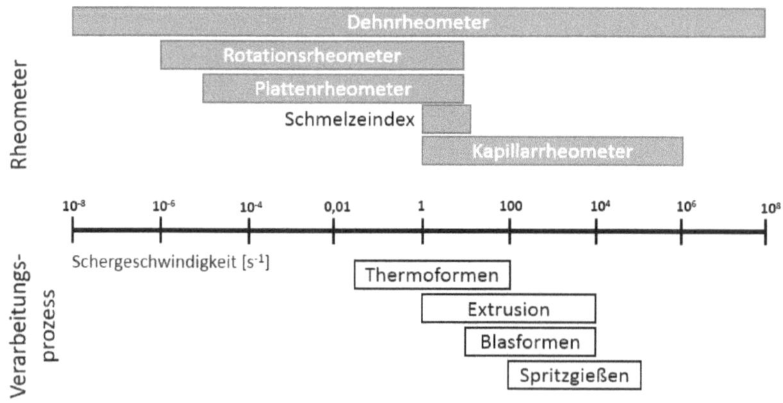

Abbildung 17: Übersicht über Arten von Rheometern und Verarbeitungsprozesse in Anlehnung an [97, 100]

Um das Verhalten von Polymeren bei höheren Schergeschwindigkeiten, wie sie bei der Extrusion oder dem Spritzguss auftreten, analysieren zu können, eignet sich vor allem das

Kapillarrheometer [97, 101]. Nach Müllner und Eberhardsteiner [18] simuliert die Kapillarrheometrie den Extrusionsprozess auf einfache Art und Weise und eignet sich somit zur Charakterisierung von Polymeren in Bezug auf Viskosität und Schwellverhalten. Nachteilig bei der Verwendung von Kapillarrheometern ist die Notwendigkeit von Verfahren zur Korrektur der Messergebnisse sowie die Annahme der Wandhaftung der Schmelze an der Kapillarwand [102]. Vor allem bei Kautschuken ist die Bedingung der Wandhaftung nicht immer erfüllt. Kautschuke neigen zum Wandgleiten. Es gibt eine große Auswahl an Untersuchungen, welche sich mit dem Phänomen des Wandgleitens inklusive der Ursachen und Auswirkungen unter anderem bei Kautschuken beschäftigen [9, 25, 59, 103 bis 105]. Das Fließverhalten des eingesetzten Compounds beeinflusst maßgeblich die Eigenschaften im Extrusionsprozess [24]. Eine geringe Viskosität bzw. Grünfestigkeit, bei weicheren Kautschukmischungen (nach [106] wird die Zugfestigkeit eines unvulkanisierten Kautschuks als Grünfestigkeit (= Green Strength) verstanden) führt beispielsweise zu höheren Durchsätzen. Auftretende Fließinstabilitäten und daraus resultierende Oberflächen- oder Volumendefekte limitieren den Durchsatz in der Extrusion [107]. Lehnen [26] und Harms [80] stellten fest, dass Fehler beim Verarbeitungsprozess von Elastomeren häufig durch Veränderungen der Mischungszusammensetzung behoben werden.

5.1.1. Abhängigkeit rheologischer Größen von Druck und Temperatur

Kautschuk gilt als komplexes Vielstoffsystem [12, 96, 96, 105, 108] mit hoher Strukturviskosität. Nach Brunnhofer und Sander [91] ist ein strukturviskoses Verhalten bei der Verarbeitung von Vorteil, da der Energieaufwand mit steigender Schergeschwindigkeit und abnehmender Viskosität weniger stark steigt. Die Deformationsgeschwindigkeit ist abhängig von Druck, Temperatur und Wandschubspannung [26, 91, 109, 110]. Die Viskosität nimmt aufgrund der steigenden Beweglichkeit der Molekülketten mit steigender Temperatur ab. Ein erhöhter Druck hat einen gegenteiligen Effekt auf die Viskosität. Die Kettenbeweglichkeit wird reduziert und als Folge dessen nimmt die Viskosität zu [16, 91]. Der Einfluss beider Parameter (Druck und Temperatur) verringert sich mit zunehmender Schergeschwindigkeit [74, 110]. Der typische Schergeschwindigkeitsbereich für den Extrusionsprozess liegt nach [10, 74, 91] zwischen 100 bis 1000 s^{-1}. Aufgrund dieses Schergeschwindigkeitsbereiches bezeichnen Crawford et al. [10] die Extrusion als relativen Kurzzeitprozess.

5.1.2. Wandgleiteffekte – Phänomen und Auswirkungen auf den Verarbeitungsprozess

Bei der Verarbeitung von Kautschuken tritt das Phänomen des Wandgleitens häufig auf [105, 111]. Vor allem Kautschuke mit hohem Füllstoffgehalt neigen, speziell im Einlaufbereich der Düsen [25], zum Wandgleiten [112 bis 114].

Wiegreffe [103] und Brockhaus [9] geben einen Überblick über die Mechanismen und vorherrschenden Modellvorstellungen, welche in Abbildung 18 veranschaulicht sind und in der Literatur kontrovers diskutiert werden. Die (Gesamt-)Strömung wird aufgeteilt in einen Gleitvolumenstrom ($\dot{V}_{Gl}$), dargestellt als Blockströmung, und einen Schervolumenstrom ($\dot{V}_S$), welcher unter der Bedingung der Wandhaftung als Druckströmung dargestellt ist [9].

Uhland [115] beschreibt das Auftreten von Wandgleiten mit der coulombschen Reibung zwischen Schmelze und Kapillarwand. Die Wandgleitgeschwindigkeit ist neben Prozess- und Geometriegrößen abhängig vom Reibungskoeffizienten, welcher das Verhältnis zwischen Reib- zu Normalkraft darstellt, und der Normalkraft, d.h. dem Druck innerhalb des Systems [9, 105]. In der Literatur herrscht im Hinblick auf den Auslösemechanismus in Abhängigkeit des untersuchten Materials keine einheitliche Meinung [9, 59]: bei manchen Autoren wird das Überschreiten einer kritischen Wandschubspannung für das Auftreten von Wandgleiteffekten angenommen [25, 116]. Bei anderen wiederum werden Wandgleiteffekte unterhalb einer kritischen Wandschubspannung detektiert. Schramm [105] wiederum konnte keine kritische Wandschubspannung ermitteln. Brockhaus [9] gibt hier eine Literaturübersicht.

Als alternative Modellvorstellung zur coulombschen Reibung gibt es die Gleitfilmtheorie. Hierbei bildet sich eine niedrigviskose Grenzschicht (sog. Schmierfilm) an der Kapillarwand aus. Der Gleit- oder Schmierfilm kann durch eine Temperaturerhöhung an der Wand aufgrund von Schergeschwindigkeitsgradienten [115] oder durch Entmischungseffekte im Material entstehen [9, 59, 103]. Uhland [115] widerlegte bereits die Theorie der Temperaturerhöhung wandnaher Bereiche.

Im nachfolgenden Verlauf dieser Arbeit wird die Theorie der coulombschen Reibung als Modellvorstellung angenommen.

Als Folge der Wandgleiteffekte kommt es zu instationären Fließvorgängen, welche den Verarbeitungsprozess beeinflussen können [9]. Die Tendenz zum Wandgleiten nimmt mit steigender Temperatur ab [76] bzw. verschiebt sich zu höheren Schergeschwindigkeiten [117]. Brockhaus [9] fasst die wesentlichen Einflussfaktoren auf das Wandgleiten wie folgt zusammen:

- Art des Polymers,
- Füllstoffgehalt,
- Druckniveau innerhalb der Kapillare,
- Oberflächenbeschaffenheit der Kapillare,
- Temperatur in der Kapillare,
- Geometrie der Kapillare und
- die Wandschubspannung.

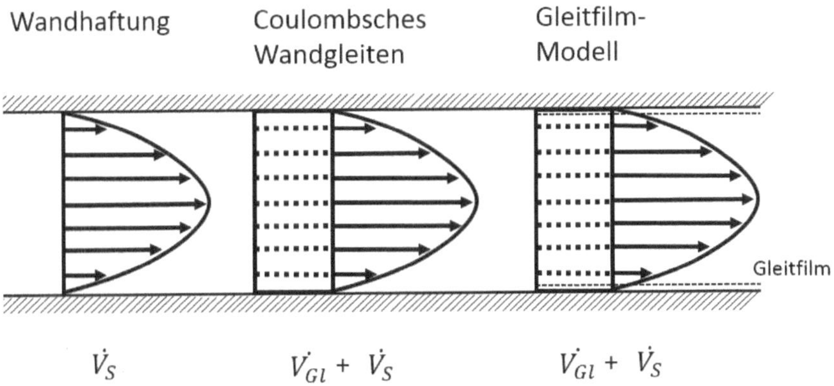

Abbildung 18: Darstellung der Wandgleittheorien in Anlehnung an [9, 98, 111]

Wandgleiten kann sowohl im Extruder (an der Zylinderwand bzw. der Schnecke) als auch im (Extrusions-)Werkzeug selbst auftreten.

Der Effekt des Wandgleitens im Zylinder des Extruders reduziert unabhängig vom Verarbeitungsverfahren die Leistung und schmälert den Förder- und Wirkungsgrad [103, 105]. In Bezug auf den Extrusionsprozess führt Wiegreffe [103] auf, dass höhere Wandgleitgeschwindigkeiten zu einer verringerten Förderleistung und einem verminderten Druckaufbau führen. Ein Gleiten des Polymers an der Zylinderwand sollte daher vermieden werden. Mit zunehmendem (Werkzeug-)Gegendruck nimmt die Wandgleitneigung ab [59]. Das Auftreten von Wandgleiten in der Düse reduziert nach Crawford et al. [116] das Schwellverhalten [118]. Innerhalb des Werkzeuges nimmt der Druck zum Düsenausgang hin stetig ab. Als Folge dessen werden hier vermehrt Wandgleiteffekte detektiert, welche zu Fließinstabilitäten führen [59]. Crawford et al. [116] machen den Zielkonflikt im Hinblick auf die Oberflächenbeschaffenheit des Düsenmaterials deutlich: Materialien mit geringer

Oberflächenenergie fördern das Auftreten von Wandgleiteffekten, reduzieren jedoch das Auftreten des Oberflächendefektes Shark-Skin (Silikonkautschuke weisen eine geringe Oberflächenenergie auf [119]). Merten [104] führte Versuche mit einer PEEK-Düse durch und kam zum gleichen Schluss.

Die Zuverlässigkeit der Messung der rheologischen Parameter, z.B. mit Hilfe des Potenzansatzes, wird nach Limper und Schramm [120] durch auftretende Gleiteffekte negativ beeinflusst. Im Gegensatz dazu zeigt Brockhaus [9], dass die Gleitgeschwindigkeit die rheologischen Parameter (Fließexponent und Konsistenzfaktor) prinzipiell nicht beeinflussen. Eine Interpretation der Fließkurve ermöglicht darüber hinaus qualitative Aussagen über das Wandgleiten.

Die Ermittlung der Wandgleitgeschwindigkeit erfolgt über verschiedene Methoden. Bei der Methode nach Mooney wird der Gesamtvolumenstrom in einen Gleit- und einen Scheranteil aufgeteilt [9, 103, 121]. Negativ hierbei ist die Tatsache, dass auch physikalisch unmögliche Ergebnisse (zum Beispiel in Form von negativen Wandgleitgeschwindigkeiten) entstehen können [9, 18, 105, 113, 116, 122, 123]. Die Methode nach Mooney-Geiger stellt eine Modifikation der ursprünglichen Methode nach Mooney dar. Auch hier können sich negative Gleitgeschwindigkeiten ergeben. Weitere Methoden stellen die Visualisierung von Strömungsprofilen [124], die Laser-Doppler-Geschwindigkeitsmessung [22, 103, 104] oder die Messung des konvektiven Wärmestroms an der Kapillarwand [22, 125] dar – eine Übersicht findet man bei [9, 22, 103].

5.1.3. Das Phänomen der Strangaufweitung

Als Strangaufweitung wird das Anschwellen eines Polymerstranges nach Durchlaufen einer Düsengeometrie bezeichnet [91, 98]. Dieses für die Extrusion typische Phänomen wird auch Extrudatschwellen, Spritzquellung oder Barus-Effekt genannt [16, 126]. Die Strangaufweitung ergibt sich aus dem Verhältnis von Extrudat- zu Düsendurchmesser - siehe Formel 5-1 [113, 127, 128].

$$Strangaufweitung\ [-] = \frac{Extrudatdurchmesser}{Düsendurchmesser} \qquad \text{5-1}$$

Es entsteht unter anderem durch die Umlagerung des Geschwindigkeitsprofils von einem parabelförmigen Profil am Düsenausgang hin zu einer Blockströmung aufgrund des Wegfalls des Wandeinflusses außerhalb der Werkzeuggeometrie – siehe Abbildung 19. Dies hat zur Folge, dass die Randschichten beschleunigt und die Schichten in der Mitte abgebremst werden [17, 104, 118, 127].

Die Strangaufweitung ist von mehreren Faktoren abhängig, welche sich nicht immer klar voneinander trennen lassen: der Grad der Aufweitung wird zum einen beeinflusst von der Extrusionsgeschwindigkeit (=Prozessparameter), zum anderen von der Düsengeometrie (=Werkzeugtechnik) und den rheologischen Eigenschaften des Polymers (=Materialeigenschaften).

Die Höhe der Aufweitung ist unter anderem abhängig von der Schergeschwindigkeit: bei konstanter Temperatur nimmt mit steigender Schergeschwindigkeit der Anteil an elastisch gespeicherter Energie zu und somit auch die Strangaufweitung [89, 128, 129]. Ein hoher Anteil an gespeicherter elastischer Energie äußert sich in einem erhöhten Druckverlust am Düseneingang (=Einlaufdruckverlust) [126].

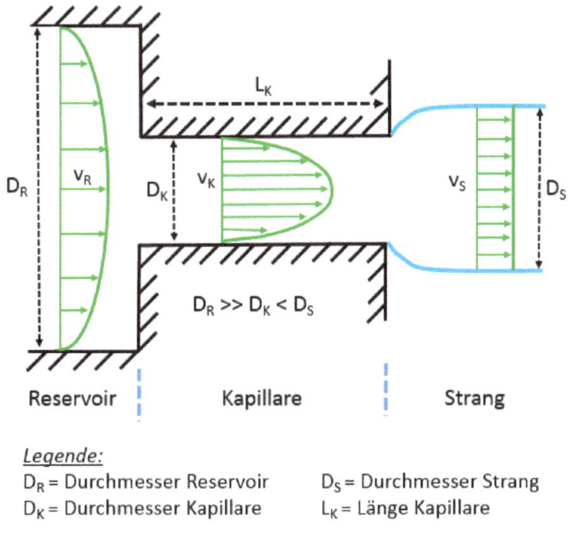

Abbildung 19: Umwandlung des Schergeschwindigkeitsprofils von einer parabelförmigen Verteilung innerhalb der Düse zu einer Blockströmung außerhalb der Düse in Anlehnung an [16, 89, 100, 130]

Neben Scherdeformationen kommt es infolge von Querschnittsänderungen zu Dehndeformationen. Michaeli [17] zeigte bereits, dass Dehndeformationen einen größeren Effekt auf die reversiblen elastischen Deformationen haben im Vergleich zu Scherdeformationen (bei vergleichbarer Deformationsgeschwindigkeit). Dehndeformationen finden oftmals in Extrusionswerkzeugen mit konvergierenden Einlaufgeometrien statt. Abbildung 20 zeigt schematisch die Ausbildung der Strömungslinien eines visko-elastischen Fluides bei verschiedenen Düsendurchmessern (D_R) und konstantem Durchmesser des Materialreservoirs (D_R). Visko-elastische Fluide bilden bereits im Materialreservoir, d.h. vor Eingang zur Düse, Strömungslinien aus [129]. Veränderungen des D_R/D_K-Verhältnisses (siehe Abbildung 20) verändern den Einlaufwinkel und beeinflussen die Dehnung in der Kapillaren [114, 129, 131].

$$\frac{D_R}{D_K} = \frac{Durchmesser_{\ Reservoir}}{Durchmesser_{Kapillare}} \qquad 5\text{-}2$$

In Abbildung 20 A ist der Düsendurchmesser im Vergleich zu B größer. Dies hat zur Folge, dass das Strömungsbild weniger stark beeinflusst wird. Der Einlaufdruckverlust wird kleiner. Nach Han und Kim [129] nimmt das Schwellverhalten mit zunehmendem D_R/D_K-Verhältnis zu. Ein Einlaufkonus (Abbildung 20 C) dient der Optimierung der Strömungslinien und reduziert nach Liang [132] das Schwellverhalten.

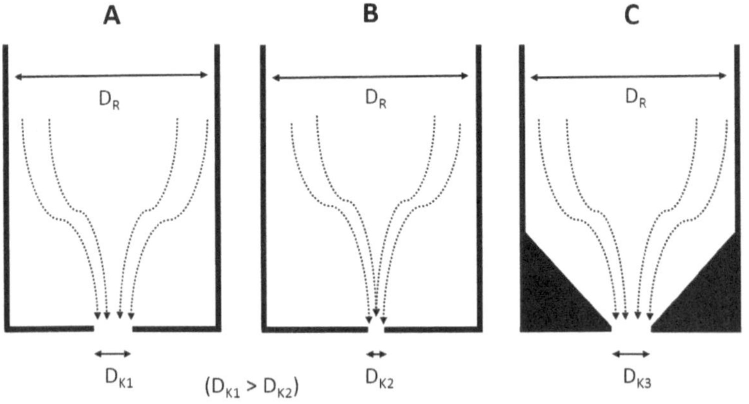

Abbildung 20: Einfluss des Düsendurchmessers und Einlaufwinkels auf die Ausbildung der Strömungslinien eines visko-elastischen Fluides in Anlehnung an [129, 133]

Bei nicht-newtonschen Fluiden kann die Dehnviskosität mehrere Zehnerpotenzen höher im Vergleich zur Scherviskosität sein [22, 114]. Die Dehnviskosität vieler Polymere verhält sich strukturviskos, lässt sich durch den Potenzansatz darstellen und nimmt mit steigendem Füllstoffgehalt zu [10, 134]. Im Gegensatz dazu zeigen andere Polymere (wie z.B. viele organische Kautschuke) eine Dehnverfestigung. Hierbei nimmt die Dehnviskosität in abhängig der Deformationsrate zu [104]. Die Ermittlung der Dehnviskosität erfolgt mit Hilfe von Cogswell auf Basis der Einlaufdruckverluste [10, 101, 127, 134, 135]. Die Einlaufdruckverluste, welche beim Durchströmen von Düsen entstehen, lassen sich mit Hilfe eines Hochdruck-Kapillarrheometers unter Verwendung der Bagley-Korrektur bestimmen. Eine rechnerische Ermittlung der Einlaufdruckverluste ist bei Limper zu finden [25, 127].

Ein weiterer Einflussparameter auf die Strangaufweitung ist die Verweilzeit in der Düse: mit zunehmender Verweilzeit nimmt die Rückverformung aufgrund von Molekülorientierungs- und Relaxationsvorgängen ab [16, 19, 84, 91, 104]. Das elastische Verhalten ist somit ein maßgeblicher Faktor für die Strangaufweitung [118, 136]. Die Deborah-Zahl, als dimensionslose Kennzahl, dient zur Beschreibung der Elastizität als Antwort auf Deformation [137, 138] und stellt das Verhältnis zwischen der charakteristischen Relaxationszeit des Materials und der Beobachtungszeit im Verarbeitungsprozess (=Prozesszeit; hier die Verweilzeit in der Düse) dar [99, 139].

$$De\,[-] = \frac{materialcharakteristische\ Relaxationszeit}{Beobachtungszeit\ im\ Verarbeitungsprozess} \qquad 5\text{-}3$$

Bei einer Deborah-Zahl unter 1 verhält sich das Material ähnlich einer viskosen Flüssigkeit; ist die Deborah-Zahl = 1 verhält sich das Material visko-elastisch und bei Kennwerten deutlich über 1 verhält sich das Material wie ein elastischer Festkörper [97, 138, 140 bis 142]. Beim Eintritt in die Düse werden durch Dehnung und Scherung Spannungen in das Material gebracht. Diese Spannungen werden durch Relaxationsvorgänge teilweise abgebaut. Selbst bei unendlich langen Düsen kann das Material nicht vollständig relaxieren, da durch das Fließen in der Düse wieder neue Spannungen eingebracht werden [91, 127]. Es kommt unabhängig von der Düsenlänge immer zu einer Aufweitung des Polymerstranges. Festsilikonkautschuke zeigen im Allgemeinen aufgrund der starken Polymer-Füllstoff-Wechselwirkungen lange Relaxationszeiten [10]. Das Relaxieren der Ketten wird durch molekulare Friktion aufgrund hoher intermolekularer Kräfte behindert. Die Kräfte entstehen durch Füllstoff-Polymer-Wechselwirkungen oder sperrige Seitengruppen an der Hauptkette und machen das Polymer weniger steif und flexibel [143]. Ein hoher Füllstoffgehalt (oftmals bei Materialien mit großer Shore-Härte) erhöht die Relaxationszeit [8] durch Reduktion der Kettenmobilität. Trotz erhöhter Relaxationszeit tritt ein geringeres Schwellverhalten im Vergleich zu weichen, elastischen Mischungen mit geringerem Füllstoffanteil auf [10, 19, 144]. Dies ist auf die Substitution des viskoelastischen Kautschuks durch unverformbare Füllstoffpartikel zurückzuführen [145]. Aufgrund der Verwendung kurzer Düsen und damit verbunden geringer Verweilzeit kommt es nach Liang [128] zu geringer Relaxation. Das Schwellverhalten wird daher nur in geringem Maß durch Relaxationsvorgänge beeinflusst. Nach Westermann reduziert der Einsatz von aktiven Füllstoffen (u.a. Ruß oder Kieselsäure) mit niedriger spezifischer Oberfläche das Schwellverhalten [74] – ähnlich zu den Ergebnissen von Liang [126, 128]. Eine Erhöhung der Materialtemperatur führt zu einem großen freien Volumen zwischen den Molekülketten und einer erhöhten Kettenbeweglichkeit. Dies reduziert die Relaxationszeit [146, 147] und das Schwellverhalten nimmt ab [19, 128]. Ein erhöhter Massedruck hat einen gegenteiligen Effekt [97]. Nach Crawford et al. [10] gibt es wenig Arbeiten zum Thema Einlaufströmungen, Dehncharakteristiken und Strangaufweitung bei Silikonkautschuken.

5.1.4. Das Auftreten von Fließinstabilitäten als produktionslimitierender Faktor

Die nachfolgenden Fließinstabilitäten werden unterteilt in den Oberflächendefekt „Haifischhaut" und den Volumendefekt „Schmelzebruch".

Shark-Skin (=Haifischhaut)

Unter Shark-Skin versteht man eine Fließinstabilität in Extrusionsrichtung, welche sich in Form einer rauhen und matten Oberfläche äußert [16, 119].

In der Literatur herrscht die einheitliche Meinung, dass Shark-Skin am Düsenausgang entsteht [16, 104, 119, 147 bis 153]. Die genaue Ursache ist nicht eindeutig bzw. wird kontrovers diskutiert. Die Anmerkungen von Cogswell sind weitestgehend anerkannt [118, 154, 154]: Die Umlagerung des Geschwindigkeitsprofils (von einem parabelförmigen Profil am Düsenausgang hin zu einer Blockströmung außerhalb der Düse), welches bereits als Ursache für die Strangaufweitung identifiziert wurde, wird ebenso als Ursache für das Auftreten von Shark-Skin angesehen [118, 154, 155]. Die Schichten an der Oberfläche des Extrudates werden beim Austritt aus der Düse im Vergleich zur Mitte mitunter stark beschleunigt. Es kommt zu Zugspannungen im Außenbereich des Polymerstranges. Sobald diese einen kritischen Wert überschreiten, bilden sich die charakteristischen Risse an der Oberfläche – siehe Abbildung 21.

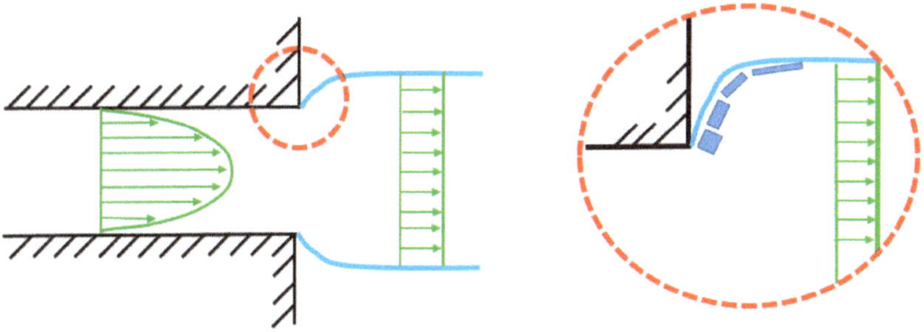

Abbildung 21: Schematische Darstellung des Ursachemechanismus von Shark-Skin in Anlehnung an [16]

Oberflächendefekte gelten als produktionslimitierende Faktoren und sollten vermieden werden [119]. In der Literatur sind verschiedene Ansätze zur Vermeidung von Shark-Skin zu finden: Die Verwendung von Verarbeitungshilfsmitteln (kurz: PPA =polymer processing aids) führt zur Ausbildung von dünnen Schichten auf der Düsenoberfläche. Diese Schichten mit geringer Oberflächenenergie ermöglichen das Gleiten des Polymers über der Düsenoberfläche und reduzieren das Auftreten von Shark-Skin [151, 152, 154]. Als alternative Möglichkeit kommen dauerhafte (Oberflächen-)Beschichtungen der eingesetzten Düsen mit Fluorpolymeren, wie beispielsweise PTFE, zum Einsatz. Analog zu den PPA führt die geringe Oberflächenenergie zum vermehrten Gleiten des Polymers [151]. Eine partielle Beschichtung (nur des Düsenausgangs) führt nach [118, 149, 154] zum gleichen Effekt. Eine reduzierte Rauigkeit der Düsenoberfläche zeigt ein ähnliches Ergebnis [151].

Schmelzebruch

Der Schmelzebruch stellt eine Deformation des Polymerstranges dar. Im Vergleich zur Haifischhaut ist dieser Defekt nicht nur an der Oberfläche zu finden, sondern je nach Ausprägung im gesamten Extrudat: Es handelt sich somit um einen Volumendefekt, welcher die Festigkeit des Extrudates negativ beeinflusst [16, 104, 154, 155]. In der Literatur herrscht keine einheitliche Meinung über die Herkunft bzw. die Ursache dieses Defektes [16, 148]. Wie alle Fließinstabilitäten limitiert der Schmelzebruch den Durchsatz [91]. In Abbildung 22 sind einige Fließinstabilitäten schematisch dargestellt.

Nach [104, 149, 152] entsteht der Schmelzebruch am Düseneingang. Bei hohen Durchsätzen verformt sich das Extrudat aufgrund instationärer Fließvorgänge anfangs periodisch und im späteren Verlauf (bei weiterer Erhöhung des Durchsatzes) willkürlich bzw. chaotisch. Als kritische Wandschubspannung detektiert [16, 155] unabhängig vom eingesetzten Material einen Wert zwischen 0,1 und 0,4 MPa. El Kissi et al. [119] ermittelten für Polydimethylsiloxane eine kritische Wandschubspannung von 0,05 MPa. Oberhalb dieser Schubspannung treten Fließinstabilitäten auf. Nach Denn [118] treten bei den meisten kommerziell erhältlichen Polysiloxanen kein Shark-Skin, jedoch alle Formen von Schmelzebruch, auf.

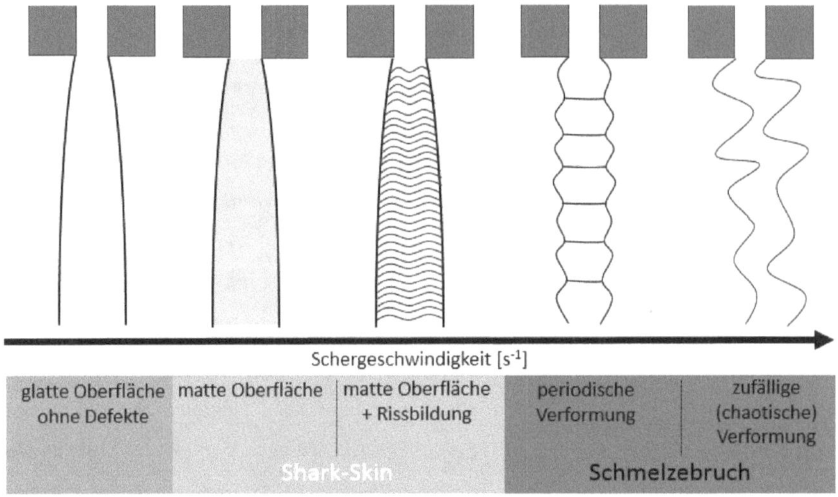

Abbildung 22: Schematische Darstellung von Fließinstabilitäten in Anlehnung an [149, 156]

5.2. Wissenschaftliche Fragestellungen

- *Welchen Einfluss haben Druck, Temperatur und Schergeschwindigkeit auf die Viskosität von (Fest-)Silikonkautschuk?*
- *Treten bei der Untersuchung von Festsilikonkautschuk mit Hilfe eines Hochdruck-Kapillarrheometers Wandgleiteffekte auf?*
- *Welchen Einfluss haben verschiedene Düsengeometrien auf die Strangaufweitung?*

- *In welchem Ausmaß treten Oberflächen- bzw. Volumendefekte auf?*

5.3. Das Rheologische Verhalten von Silikonkautschuk

Die nachfolgende rheologische Charakterisierung wurde mit Hilfe eines Hochdruck-Kapillarrheometers RG 25 der Firma Göttfert Werkstoff-Prüfmaschinen GmbH/Deutschland durchgeführt. Je nach Gegenstand der Untersuchungen wurden verschiedene Korrekturverfahren angewendet. Die genauen Parameter sind dem Anhang zu entnehmen. Zur Charakterisierung des Relaxationsverhaltens der eingesetzten Festsilikonkautschuke wurde ein Rubber Process Analyzer D-RPA 3000 der Firma Montech Werkstoffprüfmaschinen GmbH/Deutschland eingesetzt.

5.3.1. Die Viskosität von Silikonkautschuk in Abhängigkeit von Druck, Temperatur und Schergeschwindigkeit

Die Viskosität ausgewählter Silikonkautschuke in Abhängigkeit der Schergeschwindigkeit ist in Abbildung 23 dargestellt. Alle hier untersuchten Silikonkautschuke zeigen analog zu [9, 18, 41, 157, 158] ein strukturviskoses Verhalten, d.h. mit zunehmender Schergeschwindigkeit nimmt die Viskosität ab. Die Viskosität nimmt mit steigendem Füllstoffgehalt (und steigender Shore-Härte) zu [56, 159]. Dieser Effekt wird auf die zunehmenden Füllstoff-Füllstoff-Wechselwirkungen und Füllstoff-Polymer-Wechselwirkungen bei steigendem Füllstoffgehalt zurückgeführt [105, 159]. Analog zu [9, 10, 41] zeigen die hier untersuchten Festsilikonkautschuke keinen ersten newtonschen (=Nullviskosität) bzw. zweiten newtonschen Bereich. Shim und Isayev [159] begründen den Wegfall der Nullviskosität wiederum mit den hohen Füllstoff-Polymer-Wechselwirkungen.

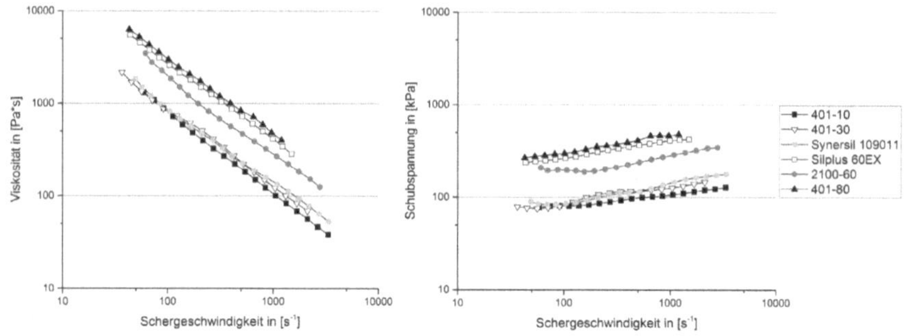

Abbildung 23: Viskosität- (links) und Fließkurve (rechts) ausgewählter Silikonkautschuke in Abhängigkeit der Schergeschwindigkeit

Die nachfolgende Abbildung 24 zeigt das temperaturabhängige Verhalten im Bereich zwischen 30 und 50°C. Die Viskosität der untersuchten Silikonkautschuke ist im untersuchten Temperaturbereich auf vergleichbarem Niveau.

Temperatursensibles Verhalten konnte bei Silikonkautschuken in diesem Temperaturbereich nicht festgestellt werden – bei größeren Temperaturdifferenzen ist dieses Werkstoffverhalten erkennbar [159]. Im Allgemeinen zeigen Polymere aufgrund der molekularen Struktur mit sinkender Temperatur bzw. steigendem Massedruck eine zunehmende Viskosität, da weniger freies Volumen zwischen den Molekülketten zur Verfügung steht. Als Folge dessen nehmen die intermolekularen Wechselwirkungen und die Viskosität zu [97, 143].

Im Gegensatz zu [17, 158] und analog zu [105, 127] konnten bei den hier untersuchten Silikonkautschuken keine Fließgrenzen detektiert werden.

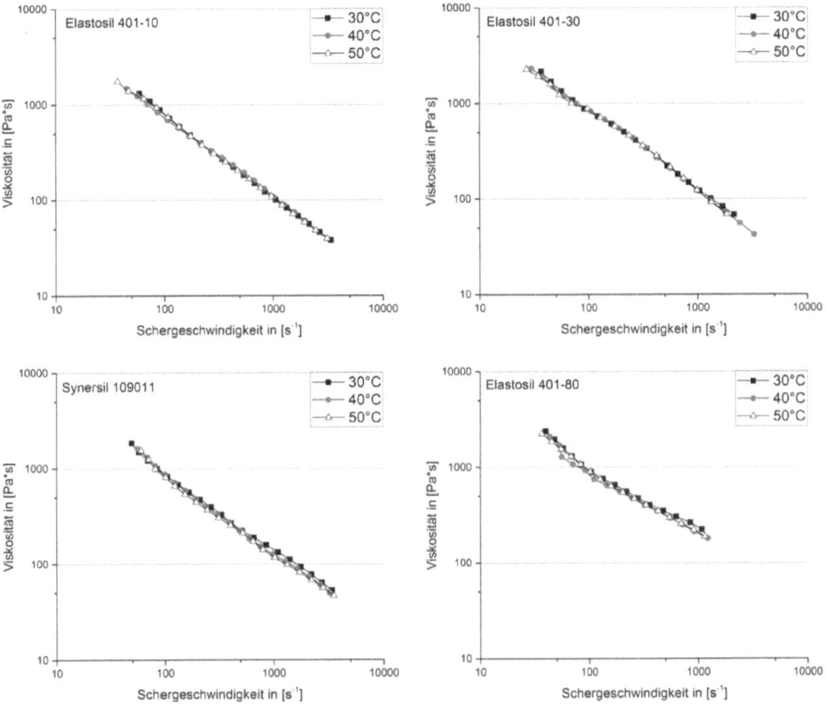

Abbildung 24: Temperaturabhängiges Verhalten der Viskosität verschiedener Silikonkautschuke

Das gegendruckabhängige Verhalten ausgewählter Silikonkautschuke ist in Abbildung 25 dargestellt. Alle Materialien zeigen ein strukturviskoses Verhalten: mit zunehmender Schergeschwindigkeit sinkt die Viskosität (vertikale, gestrichelte Linien). Darüber hinaus nimmt die Viskosität mit steigendem Gegendruck leicht zu (horizontale Linien) – analog zu [97, 160].

Nach Couch und Binding [143] weisen Polymere mit hohen intermolekularen Wechselwirkungen eine größere Abhängigkeit von Druck und Temperatur auf. Polydimethylsiloxane zeigen aufgrund ihres molekularen Aufbaus im ungefüllten Zustand geringe intermolekulare Wechselwirkungen [1, 40]. Durch Einarbeiten von aktiven Füllstoffen werden die intermolekularen Wechselwirkungen erhöht [161, 162]. Trotz unterschiedlicher Füllstoffanteile (vgl. Tabelle 2) konnten hier keine signifikanten Unterschiede im Materialverhalten detektiert werden.

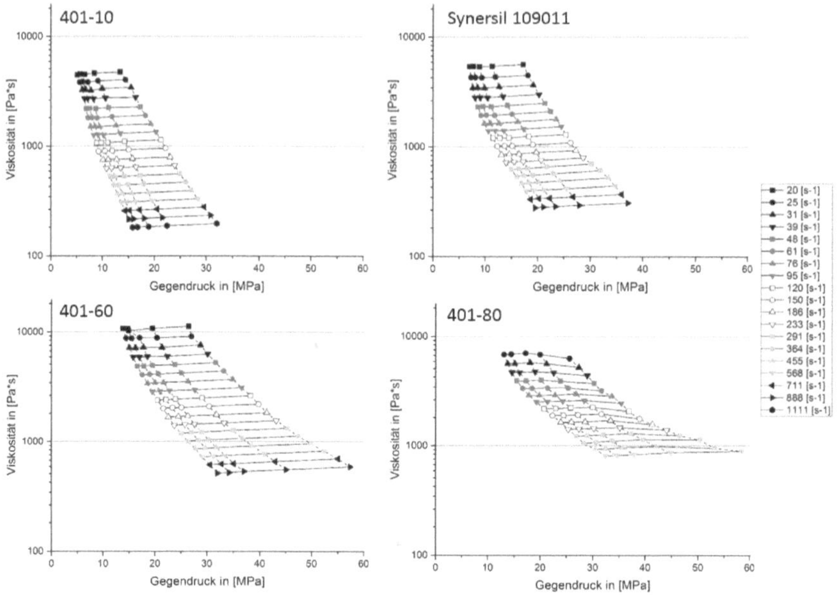

Abbildung 25: Gegendruckabhängiges Verhalten der Viskosität bei einer Prüftemperatur von 40°C

Die Schergeschwindigkeit zeigt im Vergleich zum Massedruck und der Temperatur den größten Einfluss auf die Viskosität bei den hier untersuchten Festsilikonkautschuken. Bereits bei geringen Schergeschwindigkeiten ist ein strukturviskoses Verhalten erkennbar, was nach Couch und Bindung [143] auf eine breite Molekulargewichtsverteilung schließen lässt.

Zur Beschreibung des strukturviskosen Verhaltens wird oftmals der Potenzansatz von Ostwald und de Waele herangezogen (siehe Formel 5-4) [17, 18, 99]. In doppellogarithmischer Darstellung der Viskositätskurve ergibt sich ein linearer Bereich, welcher durch den dimensionslosen Fließ- oder Viskositätsexponenten n [-] und den Konsistenzfaktor bzw. die Einsviskosität K in [Pa*s] beschrieben wird [16, 20, 90, 122, 127]. Werte des Fließexponenten zwischen 0,8 und 1 weisen auf ein nahezu newton'sches Verhalten hin, wohingegen Werte unter 0,5 ein eher strukturviskoses Verhalten charakterisieren [16].

$$\eta_S = K * \dot{\gamma}^{n-1} \qquad \text{5-4}$$

Tabelle 3 zeigt die Parameter des Potenzansatzes. Die untersuchten Materialien zeigen für den Fließexponenten n Werte < 0,24 – d.h. ein stark strukturviskoses Verhalten – analog zu Brockhaus [9]. Mit steigendem Füllstoffgehalt nimmt oftmals die Strukturviskosität zu, da es aufgrund der Volumenverdrängung des Polymers durch einen unverformbaren Füllstoff zu mikroskopischen Schergeschwindigkeitserhöhungen kommt [145]. Dies konnte bei den hier untersuchten Materialien nicht festgestellt werden.

Der Konsistenzfaktor K steigt mit zunehmender Viskosität (bzw. Shore-Härte und Füllstoffgehalt – vgl. Tabelle 2) an – entsprechend den Ergebnissen aus Abbildung 23, zeigt jedoch keine durchgängig konsistenten Ergebnisse. Dies ist unter anderem auf den Fließexponenten zurückzuführen, da bei solch kleinen Werten für n bereits geringe Abweichungen zu großen Veränderungen im Konsistenzfaktor führen. (Bsp. siehe Elastosil 401-80 bei 30°C, 40°C und 50°C. Üblicherweise sinkt der Konsistenzfaktor mit steigender Temperatur. Eine weitere Ausnahme bildet das Elastosil 401-30, welches trotz höherem Füllstoffanteil einen geringeren Konsistenzfaktor aufweist.)

Das Bestimmtheitsmaß, als Indikator für die Güte des Modells, zeigt für alle Materialien und Temperaturen Werte über 98 % - das Fließverhalten wird mit sehr guter Übereinstimmung durch den Potenzansatz beschrieben.

Tabelle 3: Parameter des Potenzansatzes für verschiedene Silikonkautschuke in Abhängigkeit der Prüftemperatur

Prüftemp.	Material	Potenzansatz nach Ostwald & de Waele		
		K [Pa*s]	n [-]	R^2 [%]
30°C	401-10	47.644	0,14	99,8
	401-30	26.424	0,14	98,3
	401-60	115.200	0,11	99,9
	401-80	127.790	0,19	99,9
40°C	401-10	45.245	0,15	99,9
	401-30	33.026	0,14	99,0
	401-60	77.890	0,15	99,3
	401-80	83.122	0,23	99,6
50°C	401-10	34.314	0,19	99,9
	401-30	22.539	0,19	98,7
	401-60	60.862	0,18	99,5
	401-80	106.462	0,17	99,5

5.3.2. Die Detektion von Wandgleiteffekten mit dem HKR

Eine einfache Methode zur Detektion von Wandgleiteffekten ist die Darstellung der Fließkurven bei Kapillaren mit gleichem L/D-Verhältnis und zunehmendem Düsendurchmesser [9, 22]. Die nachfolgenden Fließkurven – siehe Abbildung 26 - zeigen bei allen hier dargestellten Silikonkautschuken im untersuchten Schergeschwindigkeitsbereich und resultierender Schubspannung bei einer Prüftemperatur von 30°C Wandgleiteffekte, da die Fließkurven nicht übereinander liegen. Um nachfolgend die Wandgleitgeschwindigkeit zu ermitteln, wurde die Methode nach Mooney angewandt.

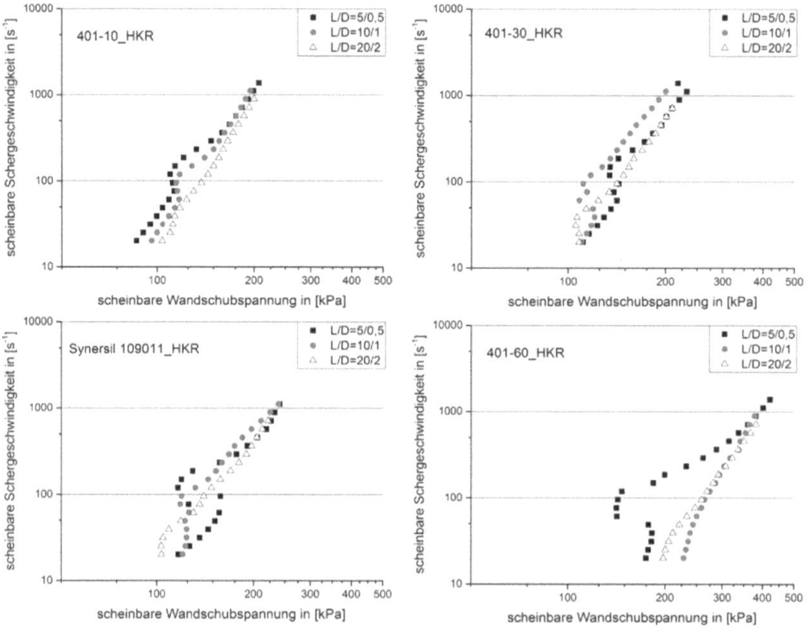

Abbildung 26: Interpretation der Fließkurven zur Identifikation von Wandgleiteffekten bei einer Prüftemperatur von 30°C

Die nachfolgende Abbildung 27 zeigt die scheinbare Schergeschwindigkeit als Funktion des Massedruckes für verschiedene Festsilikonkautschuke. Die Ergebnisse zeigen analog zu Abbildung 26 das druckabhängige Verhalten der Wandgleiteffekte. Diese Erkenntnis deckt sich mit den Ergebnissen von [9, 22, 163, 164]. Göttfert et al. [164] zeigten bereits, dass das

Wandgleitverhalten durch den Einsatz einer Gegendruckkammer beeinflusst werden kann. Mit zunehmendem Massedruck nimmt die Neigung zum Gleiten ab.

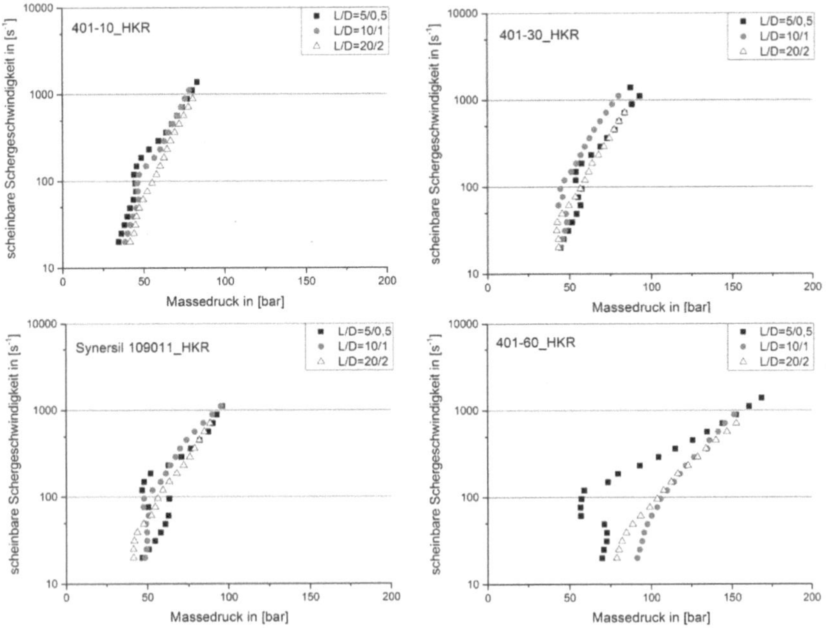

Abbildung 27: Scheinbare Schergeschwindigkeit als Funktion des Massedruckes bei einer Prüftemperatur von 30°C für verschiedene Festsilikonkautschuke

Die Abbildung 28 zeigt die scheinbare Schergeschwindigkeit über der reziproken Düsenlänge am Beispiel des Elastosil 401-30. In Abhängigkeit der Schubspannung nimmt die Steigung der Geraden, welche als Maß für die Wandgleitgeschwindigkeit gilt, zu.

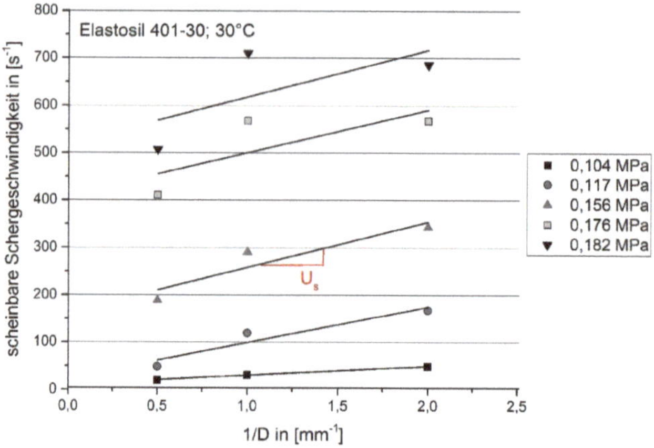

Abbildung 28: Ermittlung der Wandgleitgeschwindigkeit mit Hilfe der Mooney-Methode hier am Beispiel von Elastosil 401-30 bei einer Prüftemperatur von 30°C

Die nachfolgende Abbildung 29 zeigt die Wandgleitgeschwindigkeit über der Wandschubspannung der untersuchten Festsilikonkautschuke in Abhängigkeit der verschiedenen Prüftemperaturen (aufgrund der Übersichtlichkeit wurden die Achsen verschieden skaliert).

Bei allen hier untersuchten Festsilikonkautschuken treten Wandgleiteffekte auf [117]: Die Tendenz, dass vor allem hochgefüllte Kautschuke zum Wandgleiten neigen, wie bei [112, 113], konnte hier nicht festgestellt werden. Die kritische Wandschubspannung, ab welcher Wandgleiten detektiert wurde [25, 116, 117, 165], verschiebt sich in Abhängigkeit der Viskosität (Shore-Härte bzw. des Füllstoffgehaltes) zu höheren Wandschubspannungen. Von ca. 0,08 MPa bei Elastosil 401-10 bis zu 0,21 MPa bei Elastosil 401-80. Materialien mit geringerer Viskosität neigen bei kleineren Wandschubspannungen zum Wandgleiten. Mit zunehmender Wandschubspannung steigt bei allen untersuchten Silikonkautschuken die Wandgleitgeschwindigkeit. Bei weiterer Erhöhung der Wandschubspannung nimmt das Wandgleiten schlagartig ab. Die Grenze ist abhängig vom eingesetzten Festsilikonkautschuk. Am Beispiel von Elastosil 401-80 (und einer Prüftemperatur von 50°C) wird das druckabhängige Verhalten des Wandgleitens deutlich. Bei vergleichbaren Wandschubspannungen werden in Abhängigkeit der eingesetzten Düsen und resultierendem Massedruck unterschiedlich hohe Wandgleitgeschwindigkeiten ermittelt.

Negative Wandgleitgeschwindigkeiten (siehe Kapitel 5.1.2), welche zum Teil auftreten können, wurden innerhalb dieser Versuchsreihen nicht erfasst. Eine Abnahme der Wandgleitgeschwindigkeit mit steigender Temperatur konnte, analog zu Limper [76], bei allen Materialien festgestellt werden.

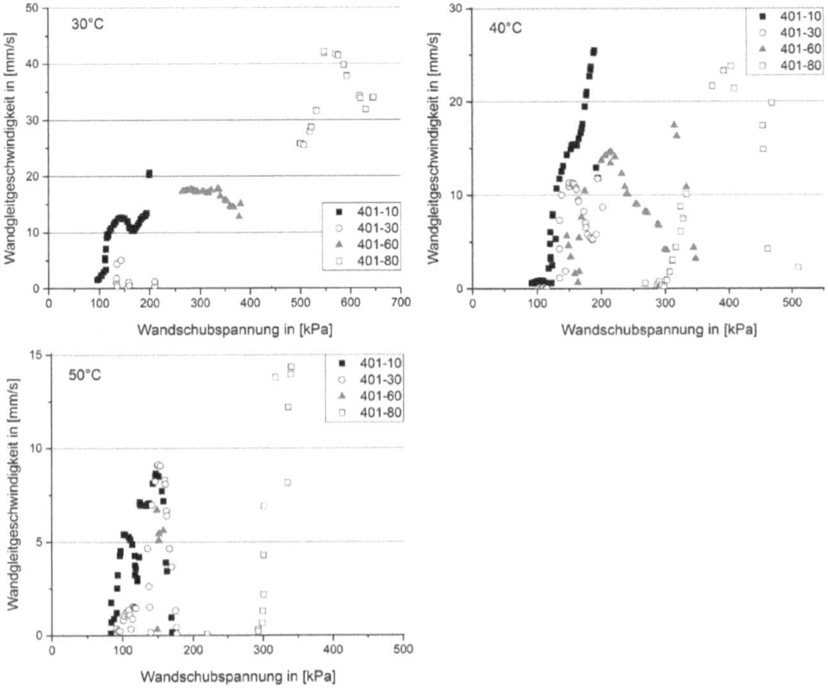

Abbildung 29: Wandgleitgeschwindigkeiten verschiedener Festsilikonkautschuke in Abhängigkeit der Temperatur (*Hinweis: variierende Achsenskalierung*)

Das Hochdruck-Kapillarrheometer eignet sich zur Detektion von Wandgleiteffekten bei Festsilikonkautschuken. Eine wissenschaftlich fundierte Analyse über die Ursache-mechanismen ist mit der vorhandenen Prüfausstattung nur bedingt möglich, da aufgrund der verwendeten Rundlochkapillaren Druckaufnehmer nicht in den Kapillaren selbst angebracht werden können. Der Druckabfall innerhalb der Kapillaren ist somit nicht zu detektieren.

Tabelle 4 zeigt die Parameter des Potenzansatzes vor und nach Mooney-Korrektur. Es wird ersichtlich, dass das Wandgleiten einen Einfluss auf den Fließexponent n hat. Die untersuchten Materialien zeigen Werte <0,22. Ein allgemeiner Trend ist nicht zu erkennen. Der Konsistenzfaktor K ist nach der Mooney-Korrektur höher, da der Gleitanteil herausgerechnet wird und so den Gesamtvolumenstrom mindert. Ein erhöhter Konsistenzfaktor ist die Folge. Das Bestimmtheitsmaß zeigt auch hier für alle Materialien und Temperaturen Werte über 93 %. Das Fließverhalten wird nach Mooney-Korrektur mit sehr guter Übereinstimmung durch den Potenzansatz beschrieben.

Tabelle 4: Parameter des Potenzansatzes mit und ohne Mooney-Korrektur

Prüftemp.	Material	Parameter des Potenzansatzes: ohne Mooney			nach Mooney		
		K [Pa*s]	n [-]	R^2 [%]	K [Pa*s]	n [-]	R^2 [%]
30°C	401-10	47.644	0,14	99,8	68.074	0,14	99,9
	401-30	26.424	0,14	98,3	57.623	0,16	99,5
	401-60	115.200	0,11	99,9	176.374	0,09	99,8
	401-80	127.790	0,19	99,9	394.562	0,05	99,8
40°C	401-10	45.245	0,15	99,9	51.141	0,18	99,9
	401-30	33.026	0,14	99,0	54.669	0,17	99,7
	401-60	77.890	0,15	99,3	85.298	0,18	99,4
	401-80	83.122	0,23	99,6	142.233	0,16	99,3
50°C	401-10	34.314	0,19	99,9	52.236	0,16	99,6
	401-30	22.539	0,19	98,7	50.268	0,18	99,6
	401-60	60.862	0,18	99,5	48.085	0,21	99,6
	401-80	106.462	0,17	99,5	136.174	0,15	93,3

5.3.3. Einfluss verschiedener Düsengeometrien auf die Strangaufweitung

Das Relaxationsverhalten, die Dehnviskosität und die Berechnung des Einlaufdruckverlustes werden zur Analyse der Strangaufweitung untersucht. Im Anschluss daran wird der Einfluss dieser Faktoren auf die Strangaufweitung analysiert.

<u>Das Relaxationsverhalten von Festsilikonkautschuken</u>

Das Relaxationsverhalten wurde mit Hilfe eines Rubber Process Analyzer beleuchtet [166, 167]. Abbildung 30 zeigt zur besseren Vergleichbarkeit das Relaxationsverhalten verschiedener Festsilikonkautschuke in Prozent. Analog zu den Ergebnissen von Crawford et al. [8] nimmt mit steigendem Füllstoffgehalt die Relaxationszeit zu bzw. das Material relaxiert bei gleicher Beobachtungszeit in geringerem Maße [166, 167]. Nach Karrabi und Mohammadian-Gezaz [167] überwiegen die viskosen Anteile über den elastischen. Dies lässt sich auf die starken Füllstoff-Polymer-Wechselwirkungen, welche die Kettenbeweglichkeit einschränken, zurückführen [10, 162, 166].

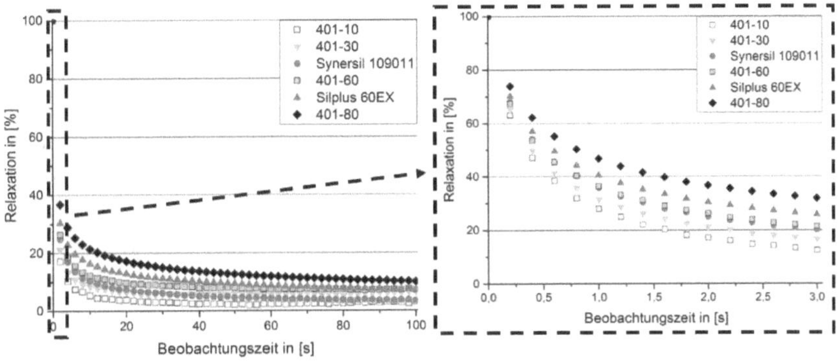

Abbildung 30: Relaxationsverhalten verschiedener Festsilikonkautschuke in der Übersicht und herangezoomt bei einer Prüftemperatur von 30°C

Abbildung 31 zeigt die charakteristische Relaxationszeit bei verschiedenen Prüftemperaturen. Die Relaxationszeit wird mit zunehmender Prüftemperatur geringer [166, 168]. In Abhängigkeit des Füllstoffgehaltes (vgl. Tabelle 2) steigt der Einfluss der Temperatur an: Das Elastosil 401-10 (mit einem Füllstoffgehalt von ca. 17 %) zeigt mit Zunahme der Temperatur um 20°C eine Verringerung der Relaxationszeit um ca. 14 %. Das Elastosil 401-80 (mit einem Füllstoffgehalt von ca. 38 %) zeigt eine Reduktion von ca. 42%. Je nach Art und Anteil des Füllstoffes variieren die Polymer-Füllstoff-Wechselwirkungen [10, 162]. Polymere mit hohen inter-molekularen Wechselwirkungen zeigen eine größere Abhängigkeit von der Temperatur - analog zu den Ergebnissen von Couch und Binding [143].

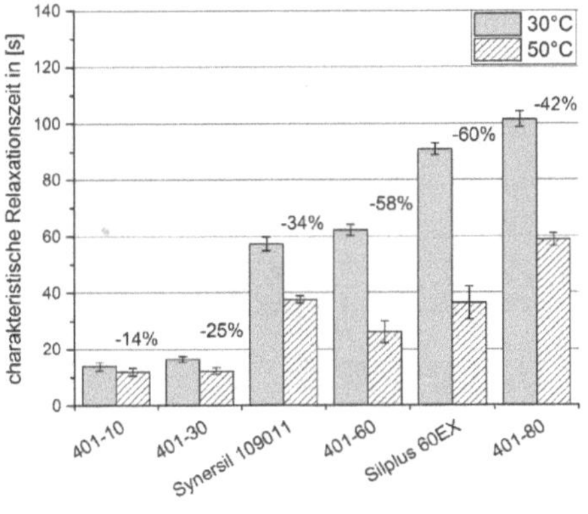

Abbildung 31: charakteristische Relaxationszeit verschiedener Festsilikonkautschuke in Abhängigkeit der Prüftemperatur

Die nachfolgende Tabelle 5 und Tabelle 6 zeigen Deborah-Zahlen in Abhängigkeit unterschiedlicher Düsengeometrien. Tabelle 5 zeigt die Deborah-Zahlen für das Elastosil 401-10 und Tabelle 6 für das deutlich hoch-viskosere Elastosil 401-80, jeweils bei Prüftemperaturen von 30 und 50°C.

Unabhängig von der Düsengeometrie nimmt mit steigender Schergeschwindigkeit die Deborah-Zahl aufgrund der geringer werdenden Verweilzeit in der Düse zu. Mit zunehmender Viskosität (bzw. Shore-Härte) nimmt die Deborah-Zahl bei konstanter Schergeschwindigkeit (und Verweilzeit in der Düse) aufgrund der längeren Relaxationszeiten (siehe Abbildung 31) zu.

Die Deborah-Zahl wird durch die Länge und den Durchmesser der Düse beeinflusst. Bei konstanter Düsenlänge und abnehmendem Düsendurchmesser steigt die Deborah-Zahl unabhängig von den Materialien und Temperaturen. Eine Zunahme der Düsenlänge bei konstantem Durchmesser verringert die Deborah-Zahl aufgrund der verlängerten Verweilzeit in der Düse. Mit zunehmender Temperatur verkleinert sich die Deborah-Zahl aufgrund der verringerten Relaxationszeiten. Dieser Effekt erhöht sich mit zunehmenden Füllstoff-Polymer-Wechselwirkungen – vgl. Tabelle 5 und Tabelle 6. Alle hier gezeigten Deborah-Zahlen liegen über 1, d.h. die untersuchten Materialien verhalten sich ähnlich einem elastischen Festkörper [97, 140 bis 142].

Tabelle 5: Deborah-Zahlen am Beispiel von Elastosil 401-10 bei verschiedenen Düsengeometrien (Länge und Durchmesser) in Abhängigkeit der Prüftemperatur

Länge	0,2	0,2	0,2	20	20	20
Durchmesser	0,5	1	2	2	1	0,5
D_R/D_K	24	12	6	6	12	24
401-10 - 30°C						
$\dot{\gamma}$	De	De	De	De	De	De
[1/s]	[-]	[-]	[-]	[-]	[-]	[-]
20	96	193	385	4	2	1
49	235	470	940	9	5	2
149	717	1.434	2.868	29	14	7
291	1.401	2.801	5.602	56	28	14
711	3.419	6.839	13.678	137	68	34
1110	5.343	10.686	21.372	214	107	53
1388	6.679	13.357	26.715	267	134	67
401-10 - 50°C						
$\dot{\gamma}$	De	De	De	De	De	De
[1/s]	[-]	[-]	[-]	[-]	[-]	[-]
20	80	160	320	3	2	1
49	195	391	781	8	4	2
149	596	1.192	2.384	24	12	6
291	1.164	2.328	4.657	47	23	12
711	2.842	5.684	11.369	114	57	28
1110	4.441	8.882	17.764	178	89	44
1388	5.551	11.102	22.205	222	111	56

Tabelle 6: Deborah-Zahlen am Beispiel von Elastosil 401-80 bei verschiedenen Düsengeometrien (Länge und Durchmesser) in Abhängigkeit der Prüftemperatur

Länge	0,2	0,2	0,2	20	20	20
Durchmesser	0,5	1	2	2	1	0,5
D_R/D_K	24	12	6	6	12	24

401-80 - 30°C

γ̇ [1/s]	De [-]	De [-]	De [-]	De [-]	De [-]	De [-]
20	618	1.235	2.470	25	12	6
49	1.508	3.015	6.030	60	30	15
149	4.601	9.201	18.403	184	92	46
291	8.986	17.972	35.943	359	180	90
711	21.938	43.876	87.752	878	439	219
1110	34.278	68.556	137.113	1.371	686	343
1388	42.848	85.696	171.391	1.714	857	428

401-80 - 50°C

γ̇ [1/s]	De [-]	De [-]	De [-]	De [-]	De [-]	De [-]
20	354	708	1.415	14	7	4
49	864	1.727	3.455	35	17	9
149	2.636	5.271	10.543	105	53	26
291	5.148	10.295	20.591	206	103	51
711	12.568	25.135	50.271	503	251	126
1110	19.637	39.274	78.548	785	393	196
1388	24.546	49.093	98.186	982	491	245

Die Dehnviskosität von Festsilikonkautschuk

Die Dehnviskosität wird mit Hilfe von Cogswell auf Basis der Einlaufdruckverluste berechnet [22, 121, 127, 135] – siehe Formeln 5-5, 5-6 und 5-7.

$$\eta_D = \frac{\tau_D}{\varepsilon} = \frac{Zugspannung}{Dehndeformation} \qquad 5\text{-}5$$

$$scheinbare\ Dehnviskosit\ddot{a}t = \eta_D\ [Pa * s] = \left(\frac{9}{32}\right) * \frac{(n+1)^2 * \Delta p_E^2}{(\eta * \dot{\gamma}^2)} \qquad 5\text{-}6$$

$$mittlere\ Zugspannung = \tau_D\ [Pa] = \left(\frac{3}{8}\right) * (n+1) * \Delta p_E \qquad 5\text{-}7$$

$n = Flie\ss exponent\ aus\ der\ Scherviskosit\ddot{a}t$

$\Delta p_E = Einlaufdruckverlust$

Die errechnete Dehnviskosität verschiedener Festsilikonkautschuke ist in Abbildung 32 bei einer Prüftemperatur von 30°C beispielhaft dargestellt. Wie bereits [22, 114] feststellten, ist die Dehnviskosität mehrere Zehnerpotenzen höher im Vergleich zur Scherviskosität (vgl. Abbildung 23). Analog zu den Erkenntnissen von Crawford et al. [10] nimmt mit steigendem Füllstoffgehalt die Dehnviskosität zu. Ausnahme hierbei bildet das Elastosil 401-30, welches sich trotz deutlich niedrigerer Scherviskosität (vgl. Abbildung 23) und Füllstoffgehalt (vgl.

Tabelle 2) auf ähnlichem Niveau zum Elastosil 401-80 bewegt. Alle hier untersuchten Materialien zeigen strukturviskoses Verhalten und lassen sich durch den Potenzansatz beschreiben – analog zu den Erkenntnissen von Herschbach [127]. Die Dehnviskosität zeigt vergleichbar zur Scherviskosität eine geringe Temperaturabhängigkeit in dem untersuchten Temperaturbereich (30°C bis 50°C). Die Parameter der Dehnviskositätsfunktion (μ_0; e) werden zur Ermittlung der Einlaufdruckverluste verwendet.

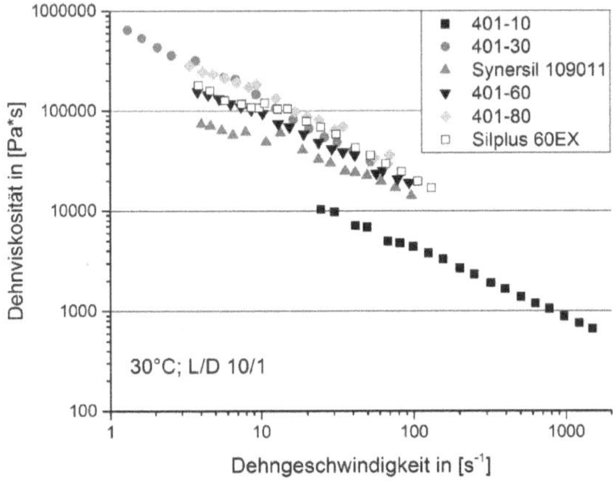

Abbildung 32: Dehnviskosität als Funktion der Dehngeschwindigkeit verschiedener Festsilikonkautschuke

Die rechnerische Ermittlung des Einlaufdruckverlustes

Die Ermittlung der Einlaufdruckverluste findet üblicherweise mit einem Hochdruck-Kapillarrheometer und der Bagley-Korrektur statt [22, 105, 122, 164]. Die Abbildung 33 zeigt am Beispiel von Elastosil 401-10 und Elastosil 401-60 die gemessenen Werte in Abhängigkeit verschiedener Düsengeometrien. Bei konstanter Temperatur nimmt mit steigender Schergeschwindigkeit der Anteil an elastisch gespeicherter Energie zu [89, 128]. Ein hoher Anteil an gespeicherter elastischer Energie, aufgrund konvergierender Strömung, äußert sich nach Liang [126] in einem erhöhten Druckverlust am Düseneingang [132]. Das heißt, mit zunehmender Schergeschwindigkeit nimmt der Einlaufdruckverlust zu [129, 136]. Darüber hinaus wird beim Elastosil 401-60 deutlich, dass mit abnehmendem Düsendurchmesser der Einlaufdruckverlust zunimmt. Dehnströmungen sind nach Fattmann [22] bei kleinen Düsen größer. Ein größer werdendes Verhältnis von D_R zu D_K führt zu einem größeren Einlaufdruckverlust [129]. Bei Materialien mit geringerer (Scher-)Viskosität, wie zum Beispiel das Elastosil 401-10, ist dieser Effekt weniger stark ausgeprägt.

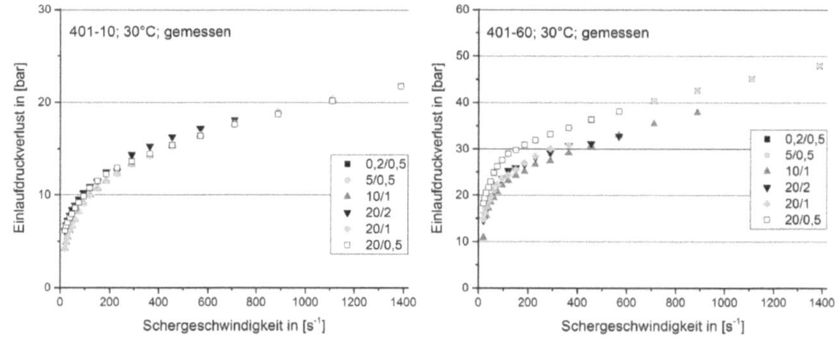

Abbildung 33: Einlaufdruckverlust als Funktion der Schergeschwindigkeit ermittelt nach der Bagley-Methode für das Elastosil 401-10 und Elastosil 401-60 bei einer Prüftemperatur von 30°C

In Abbildung 34 wird der Einlaufdruckverlust in Abhängigkeit der Schergeschwindigkeit bei verschiedenen Prüftemperaturen gezeigt. Mit steigender Prüftemperatur nimmt der Einlaufdruckverlust aufgrund der geringer werdenden Schmelze-Elastizität ab [101, 127].

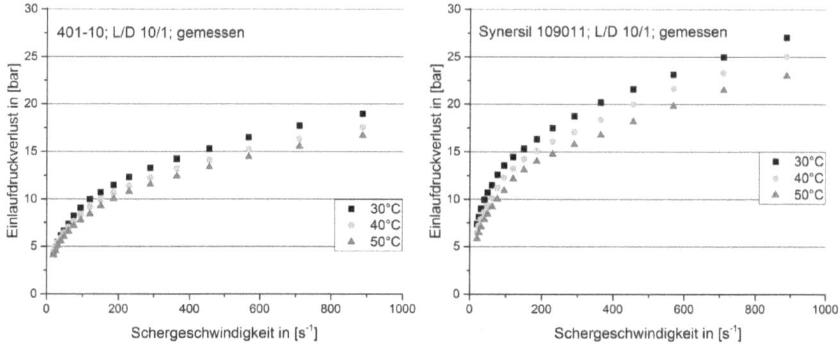

Abbildung 34: Einlaufdruckverluste als Funktion der Schergeschwindigkeit in Abhängigkeit der Prüftemperatur am Beispiel von Elastosil 401-10 und Synersil 109011

Abbildung 35 zeigt die Einlaufdruckverluste bei konstantem D_R/D_K-Verhältnis (12/1 = 12) für verschiedene Festsilikonkautschuke. Die Werte des Einlaufdruckverlustes folgen mit guter

Übereinstimmung dem Trend der Dehnviskosität (vgl. Abbildung 32): Eine hohe Dehnviskosität hat einen hohen Einlaufdruckverlust zur Folge. Mit steigender Viskosität vergrößert sich der Einlaufdruckverlust. Ausnahme bildet hierbei das Elastosil 401-30, welches ähnlich zu den Ergebnissen der Dehnviskosität auf einem vergleichbaren Niveau wie das Elastosil 401-80 liegt. Eine weitere Ausnahme stellt das Synersil 109011 dar, welches trotz hohem Füllstoffgehalt eine niedrige Dehnviskosität bzw. niedrigen Einlaufdruckverlust aufweist.

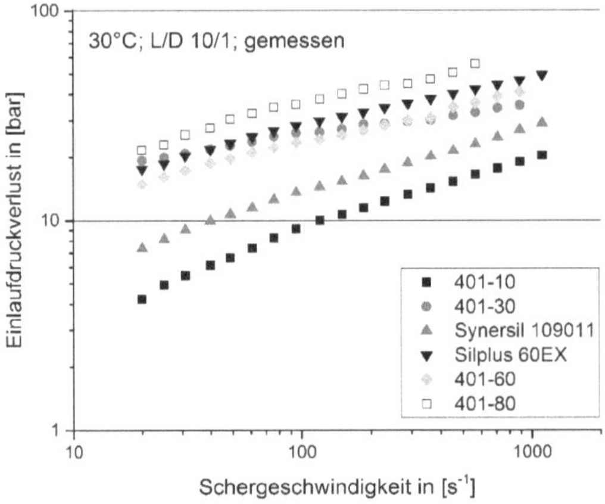

Abbildung 35: Einlaufdruckverlust bei konstantem D_R/D_K-Verhältnis (12) für verschiedene Festsilikonkautschuke

Neben den gemessenen Einlaufdruckverlusten mit Hilfe des Hochdruck-Kapillarrheometers wurden auf Basis der Arbeit von Limper [25] die Einlaufdruckverluste rechnerisch ermittelt. Hierbei dienen die Funktionen der Scher- und Dehnviskosität als Grundlage. Nach Herschbach [127] sollten zwischen den ermittelten Daten und einem realem Einsatzfall keine signifikanten Querschnittsänderungen bestehen. Formel 5-8 und Formel 5-9 stellen zwei Möglichkeiten zur Berechnung der Einlaufdruckverluste nach Limper [25] dar.

Die Methode I nach Limper basiert auf den gleichen Parametern wie die Ermittlung der Dehnviskosität nach Cogswell: Das heißt, die mit der Bagley-Korrektur ermittelten Einlaufdruckverluste sollten vergleichbar zu den Ergebnissen nach der Methode I (Formel 5-6) sein. Unterschiedliche Werte sind auf den Fließexponenten n zurückzuführen. Bei hohen Schergeschwindigkeiten führt eine Differenz des Fließexponenten (selbst ermittelt vs.

automatisch durch die Software des HKR ermittelt) zu deutlichen Unterschieden im Einlaufdruckverlust.

$$\Delta p_E\ [Pa] = \frac{4 * \sqrt{2}}{3 * (n+1)} * \dot{\gamma}_0 * (\eta_S * \eta_D)(\eta_S * \eta_D)^{0,5}$$ (Kurzbezeichnung **L**) 5-8

$\eta_S = Scherviskosität$

$\eta_D = Dehnviskosität\ nach\ Cogswell$

$n = Fließexponent\ aus\ dem\ Potenzansatz$

$$\Delta p_E\ [Pa] = (\dot{\gamma}_0^{\frac{n+1}{2}} * (\frac{4 * \sqrt{2}}{3 * (n+1)} * \sqrt{K} * \sqrt[x]{\mu_0^{(1-\frac{e}{e+1})} * \left(\frac{3}{8} * (n+1)\right)^{\frac{e}{e+1}}}))$$

$x = (1 - \frac{e}{2*(e+1)})^{-1}$ (Kurzbezeichnung **LII**) 5-9

$K\ = Konsistenzfaktor\ der\ Scherviskosiätsfuntktion$

$\mu_0; e = Konstanten\ der\ Dehnviskositäsfunktion$

Der Unterschied zwischen den gemessenen Werten des Einlaufdruckverlustes (nach Bagley-Korrektur) und den rechnerisch ermittelten Werten (nach Limper) ist in Abbildung 36 dargestellt. Das Bestimmtheitsmaß zwischen ermittelten und berechneten Werten liegt bei allen Materialien über 98 % und unterstreicht den hohen Aussagegehalt.

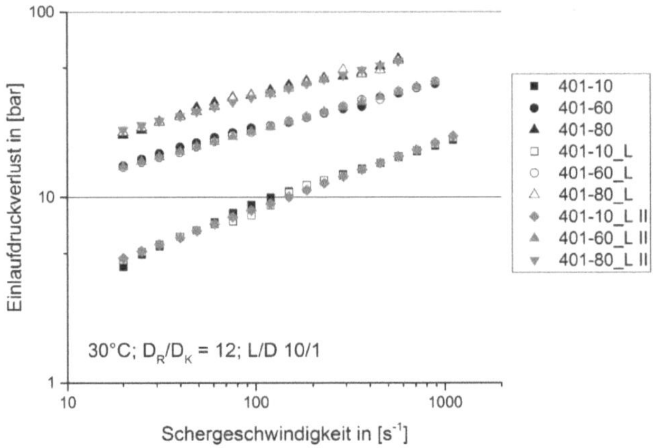

Abbildung 36: Vergleich der Einlaufdruckverluste zwischen ermittelten und berechneten Werten

Die Strangaufweitung ausgewählter Festsilikonkautschuke in Abhängigkeit verschiedener Düsengeometrien

Wie in Kapitel 5.1.3 gezeigt, ist die Strangaufweitung von mehreren Faktoren abhängig. Die nachfolgenden Erklärungsansätze berücksichtigen die vorher untersuchten Materialeigenschaften. In Abbildung 37 ist die Strangaufweitung verschiedener Silikonkautschuke bei konstantem D_R/D_K-Verhältnis und konstanter Düsenlänge für verschiedene Prüftemperaturen dargestellt.

Alle Materialien zeigen mit zunehmender Schergeschwindigkeit eine Zunahme der Strangaufweitung aufgrund der Zunahme an gespeicherter elastischer Energie [54, 128, 129, 132, 169]. Am Beispiel von Elastosil 401-60 führt eine hohe Dehnviskosität zu einem hohen Einlaufdruckverlust. Daneben führen die im Vergleich zum Elastosil 401-10 und Synersil 109011 höchsten Deborah-Zahlen zur geringsten Strangaufweitung. Mit Zunahme der Temperatur reduzieren sich die Deborah-Zahlen (aufgrund erhöhter Kettenbeweglichkeit [128] und der daraus folgenden niedrigen Relaxationszeit – vgl. Abbildung 31). Dies wirkt sich erhöhend auf die Strangaufweitung aus. Zusätzlich wird mit zunehmender Temperatur der Einlaufdruckverlust reduziert, was sich gegenteilig auf den Effekt der Strangaufweitung auswirkt und insgesamt den Grad der Aufweitung reduziert – analog zu den Ergebnissen von [19, 128]. Das heißt, der Einlaufdruckverlust hat einen größeren Effekt auf die Strangaufweitung im Vergleich zur Deborah-Zahl. Dies deckt sich mit den Erkenntnissen von

Liang, welcher als Haupteinflussgröße für das Anschwellen des Polymerstranges die gespeicherte Energie identifiziert [128]. Mit zunehmender Temperatur nimmt die Strangaufweitung ab [132].

Zur Bewertung des linearen Zusammenhanges bzw. der Linearität im Hinblick auf die Vorhersagbarkeit der Strangaufweitung wurden Trendlinien hinzugefügt und der Korrelationskoeffizient bestimmt. Alle dargestellten Graphen zeigen eine hohe lineare Übersteinstimmung.

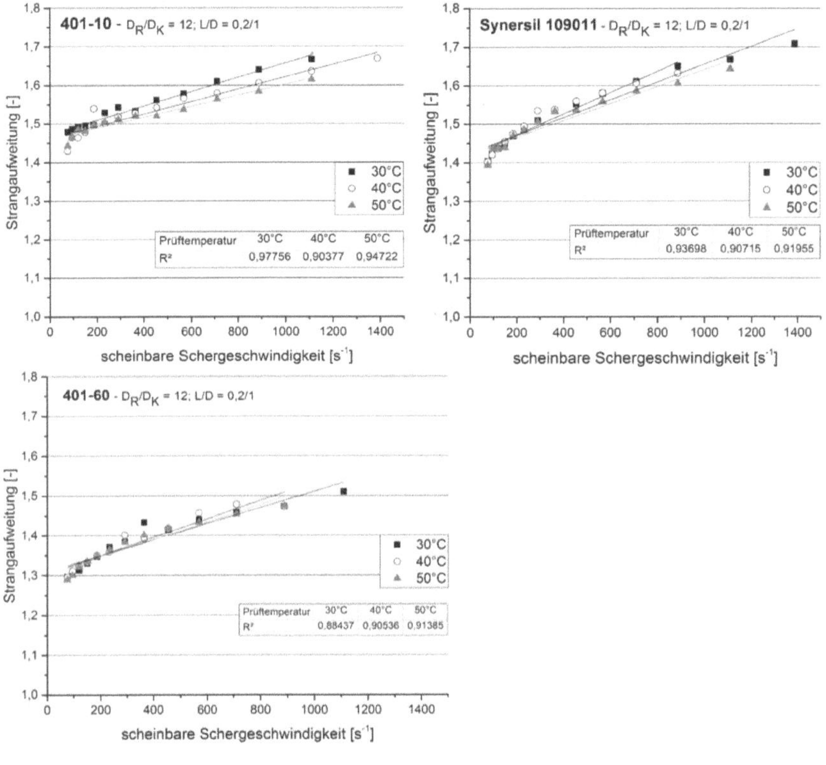

Abbildung 37: Strangaufweitung bei konstanter Düsengeometrie in Abhängigkeit der Schergeschwindigkeit für verschiedene Prüftemperaturen und Festsilikonkautschuke

In Abbildung 38 ist die Strangaufweitung bei kleiner (0,2 mm – links) und großer (10 mm – rechts) Düsenlänge und konstantem D_R/D_K-Verhältnis in Abhängigkeit der Schergeschwindigkeit für verschiedene Festsilikonkautschuke aufgezeigt.

Auch hier zeigen alle Materialien mit zunehmender Schergeschwindigkeit eine Zunahme der

Strangaufweitung [54, 128, 169]. Dies lässt sich auf den erhöhten Einlaufdruckerlust und die erhöhte Deborah-Zahl zurückführen. Ein Vergleich der Materialien zeigt, dass mit zunehmender Viskosität die Strangaufweitung abnimmt [113, 126, 128, 170]. Dieser Trend ist grundlegend bei allen Düsenlängen zu erkennen. Der viskoelastische Kautschuk wird (mit steigendem Füllstoffgehalt) durch den unverformbaren Füllstoff substituiert [145]. Dies reduziert das Schwellverhalten, trotz steigender Relaxationszeiten aufgrund der zunehmenden Füllstoff-Polymer-Wechselwirkungen (vgl. Abbildung 31).

Bei konstantem Durchmesser nimmt mit zunehmender Düsenlänge die Strangaufweitung ab. Eine Verlängerung der Düsenlänge erhöht die Verweilzeit in der Düse und das Material relaxiert mehr [16, 19, 84, 91, 104].

Zudem zeigt das Elastosil 401-10 bei einer Düsenlänge von 10mm ein differenziertes Materialverhalten, welches sich nicht durch einen linearen Zusammenhang beschreiben lässt. Dieses Verhalten ist auf das Auftreten von Wandgleiteffekten zurückzuführen (vgl. Abbildung 26). Im Bereich der Unstimmigkeiten kommt es nach Analyse der Fließkurve zum Wandgleiten. Die Auswertung der Korrelationskoeffizienten zeigt, dass eine zunehmende Düsenlänge nicht zwingend höhere Werte liefert, welches die Prognosefähigkeit für die Werkzeugentwicklung erhöhen würde.

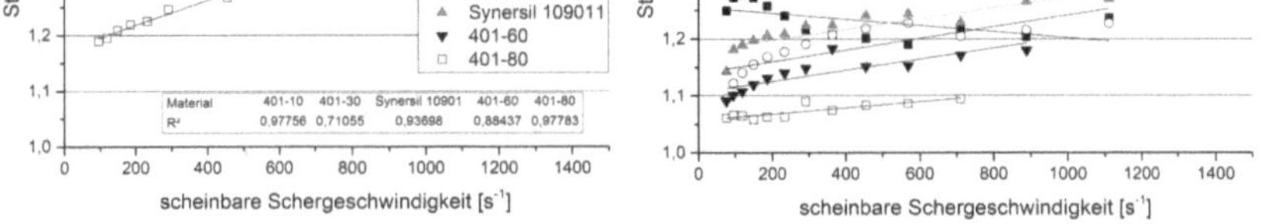

Abbildung 38: Strangaufweitung bei zunehmender Düsenlänge in Abhängigkeit der Schergeschwindigkeit für verschiedene Festsilikonkautschuke (30°C Prüftemperatur)

Eine weitere Zunahme der Düsenlänge reduziert den Grad der Aufweitung – siehe Abbildung 39. Es kommt jedoch zu keiner vollständigen Relaxation des Polymers, da durch das Fließen selbst wieder neue Spannungen eingebracht werden [91, 127]. Ein Zielkonflikt entsteht zwischen erhöhtem Massedruck (durch den Einsatz langer Düsenlängen) und vermehrter

Strangaufweitung [24]. Die Analyse von Wandgleiteffekten durch Interpretation der Fließkurve bzw. durch Verwendung der Mooney-Methode kann hier nicht angewendet werden, da keine Düse mit gleichem L/D-Verhältnis und unterschiedlichem Düsendurchmesser verfügbar ist.

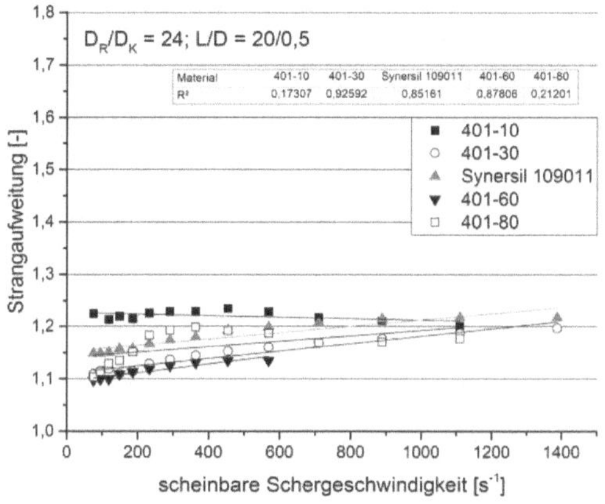

Abbildung 39: Strangaufweitung in Abhängigkeit der Schergeschwindigkeit für verschiedene Festsilikonkautschuke bei verändertem D_R/D_K-Verhältnis (30°C Prüftemperatur)

Die nachfolgende Abbildung 40 zeigt den Einfluss verschiedener D_R/D_K-Verhältnisse auf die Strangaufweitung. Die Ergebnisse zeigen, dass bei gleichem L/D-Verhältnis und daraus folgend gleicher Verweilzeit in der Düse das D_R/D_K-Verhältnis und daraus abgeleitet die Einlaufdruckverluste einen Einfluss auf die Strangaufweitung haben [19]. Ein größeres D_R/D_K-Verhältnis führt zu größeren Einlaufdruckverlusten aufgrund der erhöhten Turbulenzen im Einlaufbereich (vgl. Abbildung 20) und erhöht den Grad der Aufweitung des Polymers – analog zu den Ergebnissen von Han und Kim [129]

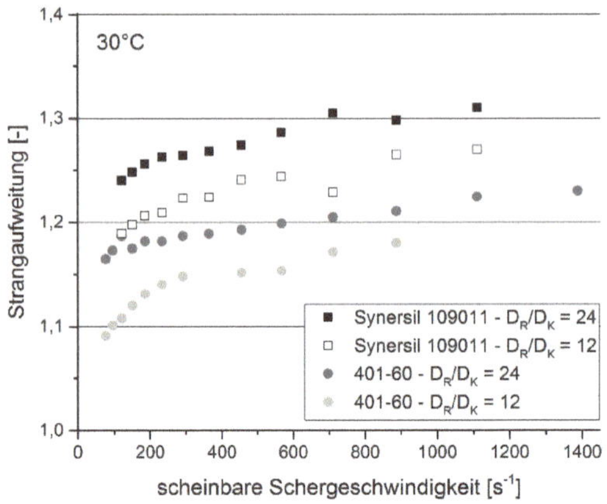

Abbildung 40: Einfluss des D_R/D_K-Verhältnisses auf die Strangaufweitung verschiedener Festsilikonkautschuke

5.3.4. Fließinstabilitäten und resultierende Oberflächen- bzw. Volumendefekte

Während aller Viskositätsmessungen mit Hilfe des HKR wurden die extrudierten Polymerstränge nach subjektiver Einschätzung auf etwaig auftretende Oberflächen- bzw. Volumendefekte hin untersucht. Der Silikonkautschuk wird nach Verlassen der Düse des Hochdruck-Kapillarrheometers nicht vulkanisiert und ist somit formunbeständig. Bei hohen Schergeschwindigkeiten mit hohen resultierenden „Extrusionsgeschwindigkeiten" stellt die Bewertung des Polymerstranges eine Herausforderung dar. Abbildung 42 zeigt am Beispiel von Elastosil 401-30 die auftretenden Defekte und die Einordnung in folgende vier Kategorien (Tabelle 7).

Tabelle 7: Einordnung der Oberflächengüte in vier Kategorien

Kategorie	Beschreibung	Einordnung des Defektes
A	glatte Oberfläche ohne nennenswerte Defekte	---
B	leichter Shark-Skin mit mattem Erscheinungsbild, keine makroskopisch sichtbaren Risse an der Oberfläche	Oberflächendefekt
C	deutlicher Shark-Skin: mit deutlich sichtbaren Rissen an der Oberfläche	Oberflächendefekt
D	Schmelzebruch	Volumendefekt

In Tabelle 8 sind die Bewertungen der Fließinstabilitäten auf Basis eines konstanten D_R/D_K-Verhältnisses (12/1 = 12) zusammengefasst. In Abhängigkeit der verwendeten Kapillare nimmt mit steigender Viskosität (bzw. Shore-Härte und Füllstoffgehalt) das Auftreten von Defekten ab – analog zu den Erkenntnissen von [56, 90, 101, 113].

Innerhalb der Materialien, d.h. pro Spalte, nehmen die auftretenden Defekte mit zunehmender Schergeschwindigkeit zu [152]. Mit abnehmender Düsenlänge nehmen die Defekte innerhalb eines Materials ab.

Wie in Kapitel 5.1.4 dargestellt, entsteht Shark-Skin aufgrund der Umlagerung des Geschwindigkeitsprofils [118, 154, 155]. Es bilden sich charakteristische Risse an der Oberfläche sobald die Zugspannungen in den Extrudatschichten an der Oberfläche einen kritischen Wert überschreiten. Materialien mit hohem Füllstoffanteil und ausgeprägten Füllstoff-Polymer-Wechselwirkungen, welche die Kettenbeweglichkeit reduzieren [10, 21, 72, 171], wirken dem Rissentstehen entgegen.

Das Auftreten von Schmelzebruch (hier nur bei Elastosil 401-10 und Elastosil 401-30 detektiert) wird durch den Einsatz kürzerer Düsenlängen mit Einlaufkonus reduziert. Dies deckt sich mit den Erkenntnissen von [104, 149, 152], welche instationäre Fließvorgänge (bei hohen Durchsätzen) am Düseneingang für das Entstehen von Schmelzebruch verantwortlich machen. In Abbildung 41 sind die eingesetzten Düsen des Hochdruck-Kapillarrheometers schematisch dargestellt. Ein Einlaufkonus reduziert neben Einlaufdruckverlusten auch das Auftreten von instationärem Fließen. Rauwendaal et al. [16] kommen zu dem Schluss, dass die stromlinienförmige Gestaltung des Fließkanals das Auftreten von Schmelzebruch reduzieren kann. Noriega Escobar und Rauwendaal [155] kommen zu dem gleichen Ergebnis: Fließoptimierte Geometrien reduzieren das Auftreten von Schmelzebruch durch Reduktion von elastischen Deformationen im Eingangsbereich.

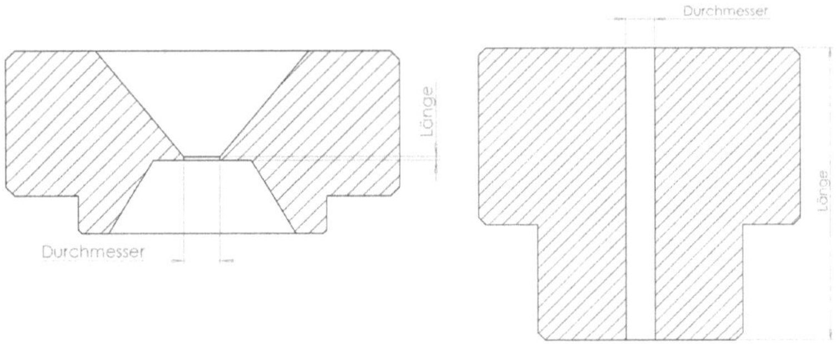

Abbildung 41: Darstellung der eingesetzten Düsen am HKR - Nulldüse mit Einlaufkonus (links) und Messdüse mit L/D-Verhältnis (rechts)

Mit zunehmender Prüftemperatur (30, 40 und 50°C) nehmen die Defekte in geringem Maße ab [147]. Dies lässt sich auf die erhöhte Kettenbeweglichkeit bei höheren Temperaturen und die niedrigeren Relaxationszeiten zurückführen [146, 147, 166]. Spannungen im Polymer werden schneller abgebaut. Die nachfolgende Abbildung 42 zeigt eine Übersicht über die aufgetretenen Fließinstabilitäten am Beispiel von Elastosil 401-30.

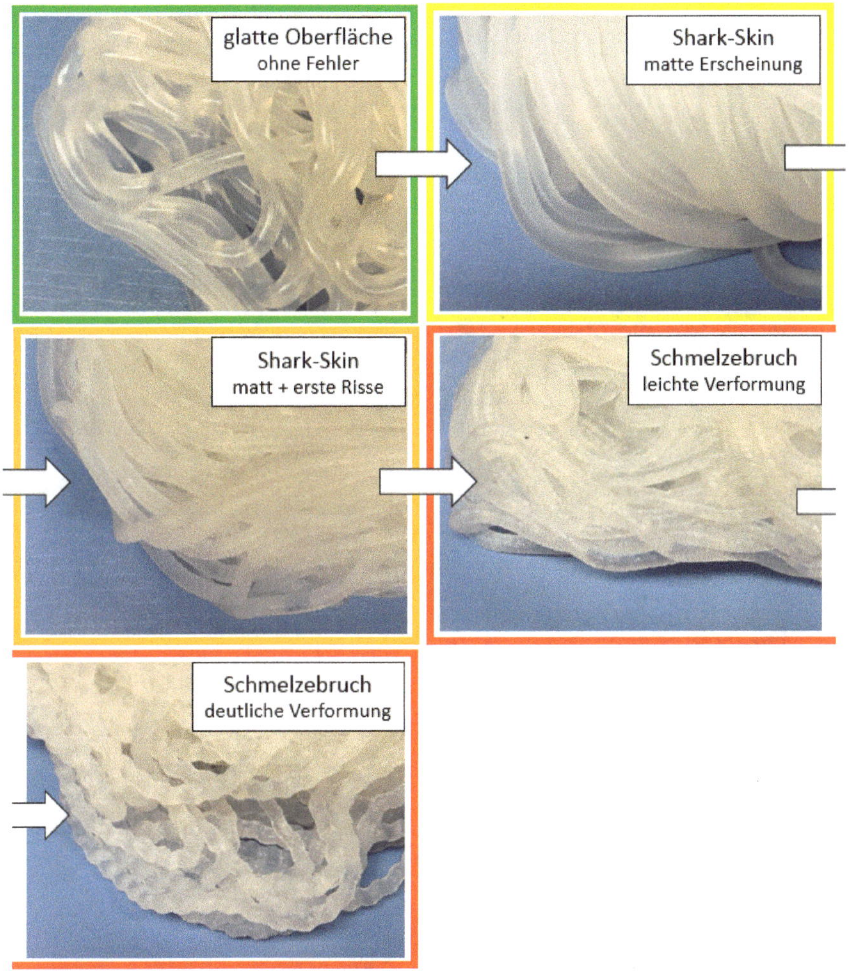

Abbildung 42: Zunahme der Oberflächendefekte am Beispiel von Elastosil 401-30

Tabelle 8: subjektive Bewertung der Messungen im Hinblick auf auftretende Oberflächendefekte bei einer Prüftemperatur von 30°C bei konstantem D_R/D_K-Verhältnis

L/D 0,2

γ_{app} [1/s]	401-10 [-]	401-30 [-]	Synersil 109011 [-]	401-60 [-]	401-80 [-]
20	A	A	A	A	A
25	A	A	A	A	A
31	A	A	A	A	A
39	A	A	A	A	A
49	A	A	A	A	A
61	A	A	A	A	A
76	A	A	A	A	A
95	A	A	A	A	A
119	A	A	A	A	A
149	A	A	A	A	A
186	A	A	A	A	A
233	A	A	A	A	A
291	A	A	A	A	A
364	A	A	A	A	A
455	B	A	A	A	A
568	B	A	A	A	---
711	B	A	A	A	---
888	B	A	A	A	---
1110	B	---	A	A	---
1388	B	---	A	---	---

L/D 10

γ_{app} [1/s]	401-10 [-]	401-30 [-]	Synersil 109011 [-]	401-60 [-]	401-80 [-]
20	A	A	A	A	A
25	A	A	A	A	A
31	A	A	A	A	A
39	A	A	A	A	A
49	B	A	A	A	A
61	B	A	A	A	A
76	B	A	A	A	A
95	A	A	A	A	A
119	A	A	A	A	A
149	A	A	A	A	A
186	B	A	A	A	A
233	C	B	A	A	A
291	D	B	A	A	A
364	D	B	A	A	A
455	D	B	A	A	A
568	D	B	A	A	---
711	D	B	A	A	---
888	D	C	A	A	---
1110	D	D	A	A	---
1388	---	---	A	---	---

L/D 20

γ_{app} [1/s]	401-10 [-]	401-30 [-]	Synersil 109011 [-]	401-60 [-]	401-80 [-]
20	A	A	A	A	A
25	A	A	A	A	A
31	A	A	A	A	A
39	A	A	A	A	A
49	A	A	A	A	A
61	A	A	A	A	A
76	A	A	A	A	A
95	A	A	A	A	A
119	A	A	A	A	A
149	A	A	A	A	A
186	B	A	A	A	A
233	C	A	A	A	A
291	C	A	A	A	A
364	C	A	A	A	A
455	D	A	A	A	B
568	D	A	A	A	---
711	D	A	A	A	---
888	D	A	A	A	---
1110	D	---	B	A	---
1388	D	---	B	A	---

Kennzeichnung subjektive (Fehler-)Bewertung

A	fehlerfrei
B	Eintrübung/leichte Rauhigkeit
C	deutlicher Shark-Skin
D	Schmelzebruch
---	Messstufe nicht erreicht

5.4. Zwischenfazit

Alle hier untersuchten (Fest-)Silikonkautschuke zeigen strukturviskoses Verhalten. Der Einfluss von Druck und Temperatur (im hier untersuchten Bereich) auf die Viskosität ist im Gegensatz zur Schergeschwindigkeit als eher gering einzustufen. Die Einflüsse auf die Viskosität sind schematisch in Abbildung 43 dargestellt. Das Verhalten der Festsilikonkautschuke kann mit guter Näherung durch den Potenzansatz beschrieben werden.

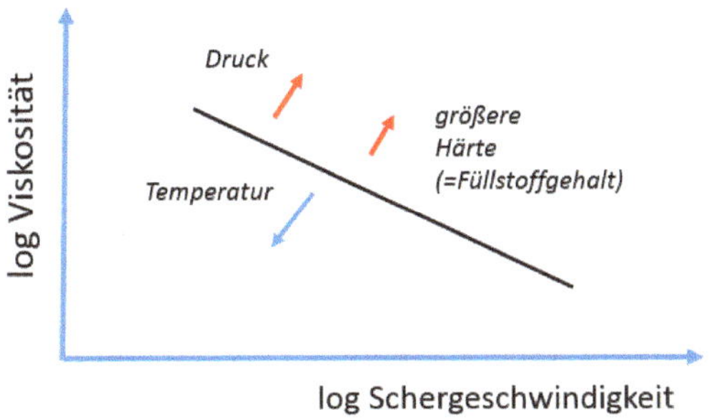

Abbildung 43: Einfluss von Druck, Temperatur und Füllgrad auf die Viskosität

Bei allen untersuchten Festsilikonkautschuken tritt Wandgleiten auf. Das Hochdruck-Kapillarrheometer eignet sich grundlegend zur Detektion von Wandgleiteffekten - eine wissenschaftlich fundierte Analyse über die Ursachemechanismen ist mit der vorhandenen Prüfausstattung jedoch nur bedingt möglich.

Abbildung 44 fasst die Zusammenhänge in Bezug auf die Strangaufweitung zusammen. Mit zunehmender Schergeschwindigkeit nimmt die Strangaufweitung zu. Niedrig-viskosere Materialien zeigen eine größere Aufweitung im Vergleich zu hoch-viskoseren Mischungen. Der viskoelastische Kautschuk wird mit steigendem Füllstoffgehalt durch den unverformbaren Füllstoff substituiert. Trotz steigender Relaxationszeiten aufgrund der zunehmenden Füllstoff-Polymer-Wechselwirkungen wird das Schwellverhalten geringer.

Eine zunehmende Düsenlänge liefert zwar geringere Absolutwerte der Strangaufweitung, jedoch nicht zwingend höhere Werte in Bezug auf das Bestimmtheitsmaß als Maß für die Vorhersagbarkeit. Mit zunehmender Materialtemperatur nimmt die Strangaufweitung ab.

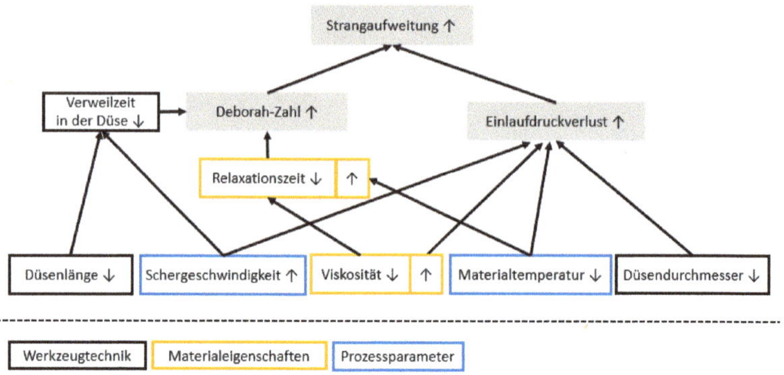

Abbildung 44: Darstellung der Zusammenhänge in Bezug auf die Strangaufweitung

Oberflächen- und Volumendefekte nehmen mit steigender Schergeschwindigkeit zu und mit zunehmender Viskosität der Materialien ab. Kurze Düsenlängen reduzieren das Auftreten von Fließinstabilitäten.

6. Untersuchungen zum Vulkanisationsprozess von Festsilikonkautschuk

Das nachfolgende Kapitel befasst sich mit der Analyse des Vulkanisationsprozesses von Silikonkautschuken auf Basis unterschiedlicher Vernetzungssysteme. Dabei werden verschiedene Vulkanisationstemperaturen betrachtet und die Auswirkungen auf die Vulkanisationszeit sowie auf den gesamten Vulkanisationsprozess kritisch beleuchtet.

6.1. Stand der Forschung und Technik

Der Prozess der Vulkanisation gilt als einer der wichtigsten in der Kautschuktechnologie, da die Ausbildung chemischer Bindungen während der Reaktion den visko-elastischen Kautschuk zu einem elastischen Vulkanisat/Gummi mit einem dreidimensionalen Netzwerk transformiert. Die Vulkanisation schließt die Formgebung irreversibel ab [2, 35, 40, 60, 90]. Zudem beeinflusst die Vulkanisation das chemische, physikalische und mechanische Materialverhalten [172].

6.1.1. Arten der Vernetzung

Wie bereits in Kapitel 2.3 aufgezeigt, gibt es verschiedene Vernetzungssysteme, welche für Silikonkautschuke Anwendung finden. Die meisten technischen Silikonkautschukprodukte basieren auf heißvernetzenden Systemen und vernetzen unter der Zufuhr von thermischer Energie [56, 74].

Das 2,4-Dichlorobenzoyl Peroxid gilt als das am weitesten verbreitete Peroxid in der Extrusion (im Bereich der Pressverfahren nimmt diese Rolle das Dicumylperoxid [7, 11, 77] ein) [7, 11, 66, 71, 77, 173]. Der nicht-vinylspezifische Charakter des DClBP ist zur Vernetzung aller Silikonkautschuke geeignet. Die niedrige Reaktionstemperatur aufgrund der geringen Aktivierungsenergie (laut Hersteller liegt die optimale Vernetzungstemperatur bei 90°C [94]) prädestiniert diesen Vernetzer für den Einsatz im Extrusionsprozess, um auch hohe Extrusionsgeschwindigkeiten mit geringen Verweilzeiten in der kontinuierlichen Vulkanisation zu realisieren. Ausblühungen von organischen Resten an der Oberfläche (= Blooming), welche nach dem Vulkanisationsprozess entstehen können, machen einen anschließenden Temperprozess erforderlich [40, 52, 58, 63, 71].

Additionsvernetzende Systeme zeigen im Vergleich zu peroxidisch vernetzenden Systemen eine schnellere Vernetzungsreaktion [36, 70]. Ein anschließender Temperprozess ist nicht mehr zwingend notwendig, da bei dieser exothermen Reaktion keine unerwünschten Nebenprodukte entstehen [11, 28, 35, 41, 71]. Es kommt darüber hinaus zu keiner Geruchsbildung oder Gelbfärbung des Vulkanisates, wie sie oft bei Peroxiden auftritt [7, 11, 71]. Im Vergleich zu peroxidisch vernetzenden Systemen ist die Topfzeit additionsvernetzender Kautschuke deutlich geringer [71].

Ähnlich zu Class und Grasso [174] konnte in eigenen Untersuchungen festgestellt werden, dass neben dem Reaktionsverlauf die späteren mechanischen Eigenschaften des Vulkanisates von der Menge und Art des Vernetzungsmittels abhängig sind [78, 175]. Eine Erhöhung der Peroxid-Konzentration führt zu einer höheren Vernetzungsdichte [58], höherem Drehmoment bzw. mechanischen Eigenschaften [78, 176].

Neben der Formulierung des Base-Materials inklusive Vinyl- und Füllstoffgehalt [174], haben die Prozessparameter (Vernetzungstemperatur und –zeit) [176] Einfluss auf die Vernetzungsdichte und somit auf die mechanischen Eigenschaften. Eine höhere Vernetzungsdichte hat zum Beispiel eine Zunahme der Härte, des E-Moduls oder der Reißfestigkeit sowie unter anderem eine Abnahme der Reißdehnung zur Folge [77, 176 bis 179]. Die chemische Beständigkeit wird durch eine erhöhte Vernetzungsdichte verbessert [7]. Eine Erhöhung der Vulkanisationstemperatur führt grundlegend zu einer schnelleren Reaktionsgeschwindigkeit [79]. Dies verringert wiederum signifikant die Zykluszeit [53, 172]. Ein Anstieg der Vernetzungstemperatur verursacht nicht grundsätzlich höhere Eigenschaften. Auftretende Alterungsvorgänge können sich negativ auswirken [176]. Neben der Veränderung der Prozessparameter kann die Vernetzungsgeschwindigkeit durch Veränderung der Materialzusammensetzung beeinflusst werden: Ein erhöhter Vinylgruppengehalt im Material verringert aufgrund der geringeren Aktivierungsenergie im Vergleich zu Methylgruppen die Vernetzungszeit [63, 65, 71].

6.1.2. Besonderheiten der Vulkanisation im Extrusionsprozess

Der Verfahrensablauf der Extrusion (vergleiche Kapitel 2.5) verdeutlicht die beiden zentralen Punkte des Vulkanisationsprozesses in der Extrusion.

a. Aufgrund der Scherung des Materials durch die Schnecke im Zylinder des Extruders kommt es trotz aktiver Kühlung des Zylindermantels und hohlgebohrter Schnecke zu einer dissipativen Erwärmung des Kautschuks [7, 120]. Diese Temperaturerhöhung darf nicht zu einem vorzeitigen Vulkanisieren des Materials im Extruder bzw. im Werkzeug führen (=Scorch). Teilweise anvulkanisiertes Material kann zu Stippen oder anderen Oberflächendefekten bzw. zu vollständiger Verstopfung des Extruderkopfes führen. Plötzlich auftretende Drehmomenterhöhungen durch anvulkanisiertes Material in der Schnecke können Maschinenschäden, u.a. in Form von Schneckenbrüchen, verursachen [9, 23, 72, 79].

b. Nach Verlassen des Werkzeuges muss das noch nicht formbeständige Material unverzüglich vulkanisiert werden, um Deformationen der Extrudatgeometrie zu vermeiden. Zu gering vernetztes Material kann zum Beispiel die Kontur des Abzugbandes annehmen – diese Oberflächenstrukturierung ist in der Regel unerwünscht [1, 54].

Die Zeit bis zum Start der Vernetzungsreaktion wird als Inkubationszeit bezeichnet und ist gekennzeichnet durch eine Erhöhung der Viskosität durch die beginnende Vernetzung. Neben der Art des Vernetzungsmittels und dessen materialspezifischer Vulkanisationstemperatur beeinflussen Lagerprozesse oder vorherige Beanspruchungen des Kautschuks die Inkubationszeit [9, 72, 76]. Mit zunehmender Temperatur wird die Inkubationszeit geringer [9, 169]. Die Vulkanisation mit Hilfe von Peroxiden wird durch lange Lagerprozesse beeinflusst: Die im Polymer eingemischte Kieselsäure bindet das Peroxid und verringert die Effektivität des nachfolgenden Vernetzungsprozesses [71].

6.2. Wissenschaftliche Fragestellungen

- *Welchen Einfluss hat die Vernetzungstemperatur auf die Vernetzungsgeschwindigkeit verschiedener Vernetzungssysteme?*
- *Welchen Einfluss hat die Inkubationszeit auf die Prozessführung während des Extrusionsprozesses?*

6.3. Analyse des Vulkanisationsverhaltens von Silikonkautschuk

Die nachfolgenden Untersuchungsergebnisse wurden mit Hilfe eines D-RPA 3000 der Firma Montech Werkstoffprüfmaschinen GmbH/Deutschland erarbeitet. Abbildung 45 und Abbildung 46 zeigen den Reaktionsverlauf von einem additionsvernetzenden und einem peroxidisch vernetzenden System. Bei beiden Abbildungen wird deutlich, dass die

Reaktionsgeschwindigkeit mit zunehmender Temperatur (hier von 100 bis 160°C) zunimmt [58, 78, 79].

Der absolute Wert des Drehmomentes ist abhängig von der Mischungszusammensetzung. Ein hoher Füllstoffanteil (oftmals bei Materialien mit großer Shore-Härte) ergibt höhere resultierende Drehmomente im Vergleich zu Mischungen mit geringerem Füllstoffanteil (und geringer Shore-Härte). Abbildung 45 zeigt ein 40 Shore A-Material und Abbildung 46 ein Material mit einer Härte von 13 Shore A.

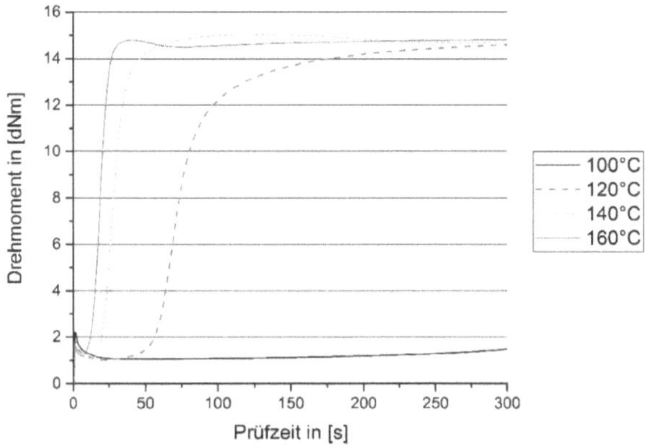

Abbildung 45: Vulkanisationsisothermen in Anlehnung an DIN 53529 [180] des additionsvernetzenden Materials Synersil 109011

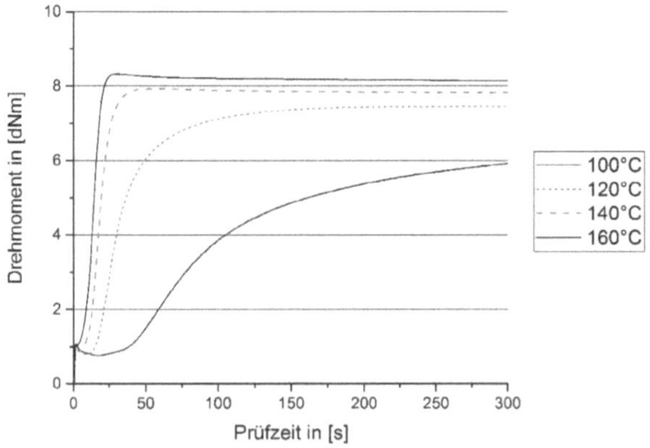

Abbildung 46: Vulkanisationsisothermen in Anlehnung an DIN 53529 [180] von Elastosil 401-10 mit 1,5 phr 2,4-Dichlorobenzoyl Peroxid

Aufgrund der materialspezifischen Ausprägung des Drehmomentes werden zur besseren Vergleichbarkeit der Reaktionsgeschwindigkeit unterschiedlicher Materialien bzw. zur Analyse der Reaktionskinetik im Allgemeinen die Drehmomente normiert [52, 181, 182]. Der sogenannte Alpha-Wert als Funktion der Prüfzeit wird mit folgender Gleichung ermittelt [182, 183].

$$\alpha\,(t) = \frac{S'(t) - S_{min}}{S_{max} - S_{min}} \qquad 6\text{-}1$$

Abbildung 47 zeigt die Alpha-Werte verschiedener Festsilikonkautschuke bei einer Vulkanisationstemperatur von 120° bzw. 160°C. Mit zunehmender Vulkanisationstemperatur nimmt die Reaktionsgeschwindigkeit stark zu [55, 79]. Eine hohe Reaktionsgeschwindigkeit geht mit einer Reduzierung der Zykluszeit einher [53]. Alle Materialien der Elastosil 401-Reihe wurden mit dem DClBP vernetzt. Der Startpunkt der Reaktion liegt bei allen Materialien bei vergleichbarer Prüfzeit. Mit steigender Viskosität nimmt die Reaktionsgeschwindigkeit bei konstanter Vulkanisationstemperatur zu. Ziegler [179] stellte fest, dass der Zusatz von Füllstoffen die Reaktionskinetik durch Veränderung der Füllstoff-Polymer-Wechselwirkungen beeinflusst. Bei 120°C vulkanisiert das Elastosil 401-60 schneller im Vergleich zum Elastosil 401-80; bei 160°C liegen sie aufgrund der hohen Reaktionsgeschwindigkeit nahezu auf ähnlichem Niveau. Das additionsvernetzende Synersil 109011 vernetzt im Vergleich zu den restlichen, mit organischen Peroxiden vernetzten Materialien langsamer. Die Reaktivität von additionsvernetzenden Systemen lässt sich durch Variation des Platinkatalysator bzw. der Konzentration an Inhibitor verändern [66].

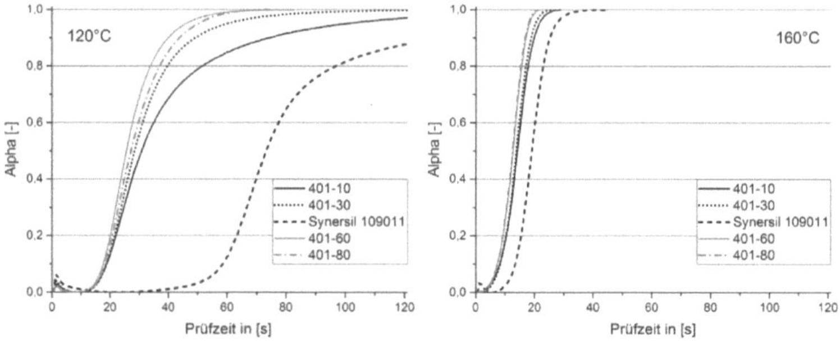

Abbildung 47: Alpha-Werte verschiedener Festsilikonkautschuke bei 120°C (links) und 160°C (rechts) Vulkanisationstemperatur

Die Abbildung 48 zeigt die maximal auftretende Reaktionsrate während der Messung einer Vulkanisationsisotherme als Funktion der Vulkanisationstemperatur. Es zeigt sich, je nach Material, eine mehr oder weniger deutliche Ausprägung eines Maximums. Nach Erreichen dieser maximalen Reaktionsrate und weiterer Erhöhung der Vulkanisationstemperatur verringert sich die maximal auftretende Reaktionsrate wieder. In Kombination mit den Ergebnissen der TC 90 Zeiten (siehe Tabelle 10), d.h. der Zeit, bis 90 % der Vulkanisation stattgefunden haben, ergibt sich folgende Aussage: Trotz geringer werdender Reaktionsrate wird die TC 90 Zeit geringer. Dies ist nur möglich, da die Vernetzungsdichte (siehe Abbildung 49) bei diesen Materialien ebenfalls geringer wird. Die hier erzielten Ergebnisse sind vergleichbar zu den Ergebnissen von Köster et al. [79] und Diao et al. [176]. Eine Erhöhung der Vernetzungstemperatur führt zwar zu schnelleren Reaktionsgeschwindigkeiten (siehe Abnahme der TC 90-Zeiten mit steigender Temperatur), jedoch sind die resultierenden Drehmomente und die Vernetzungsdichte nicht immer zwingend auf einem höheren Niveau. Dieser Effekt ist vor allem bei hoch-viskoseren Materialien ab 60 Shore A zu erkennen.

Bei der Peroxid-Vernetzung gibt es eine Vielzahl an Nebenreaktionen, welche mit der eigentlichen Vernetzungsreaktion konkurrieren [58, 69, 173] und die Effizienz des eingesetzten Peroxides verringern [69]. Dluzneski zeigte am Beispiel von Naturkautschuk, dass erhöhte Vulkanisationstemperaturen das Auftreten von Nebenreaktionen fördern [58]. Akiba stellte als hauptsächliche Nebenreaktion bei der Vernetzung von Silikonkautschuken die Kettenverkürzung fest [173]. Kürzere Ketten gehen mit geringerer Viskosität [52, 184], geringeren mechanischen Eigenschaften und daraus folgend einem geringeren Drehmoment einher. Zudem sind die Diacylperoxide, zu denen das DCIBP zählt, anfällig für den säurekatalysierten Abbau (Die Zugabe von Zinkoxid neutralisiert die sauren Bestandteile) [58].

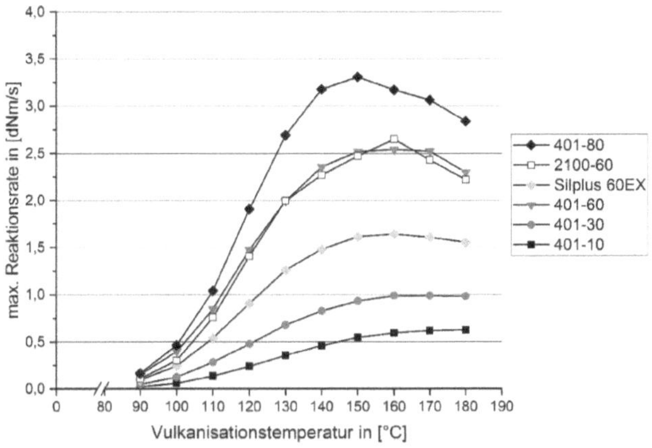

Abbildung 48: maximal auftretende Reaktionsrate in Abhängigkeit der Prüftemperatur

Die maximale Vernetzungsdichte $\delta\, S'$errechnet sich in Anlehnung an DIN 53529 nach folgender Formel [169]:

$$\delta\, S'[dNm] = S'_{max} - S'_{min} \qquad \text{6-2}$$

S' stellt das aufgezeichnete elastische Drehmoment dar [185]. Die Drehmomentzunahme ist direkt proportional zur Vernetzungsdichte [169]. Abbildung 49 zeigt die Vernetzungsdichte in Abhängigkeit der Vulkanisationstemperaturen. Henze [56] zeigte, dass bei additionsvernetzenden Flüssigsilikonkautschuken eine Erhöhung der Werkzeugtemperatur, welche gleichbedeutend mit einer Erhöhung der Vulkanisationstemperatur ist, zu einer höheren Vernetzungsdichte führt.

Die Materialien der Elastosil 401-Reihe zeigen, dass mit zunehmendem Füllstoffgehalt die Vernetzungsdichte zunimmt. Ein zunehmender Anteil an Kieselsäure, als aktiven Füllstoff, erhöht neben der Viskosität auch die Anzahl von Verbindungsstellen [29]. Die Materialien mit einer Härte von 60 Shore A besitzen einen vergleichbaren Füllstoffgehalt (siehe Tabelle 2), stammen aber von unterschiedlichen Materialherstellern. Trotz gleicher Menge an Peroxid zeigen die Materialien aufgrund der unterschiedlichen Formulierung des Base-Materials (und

Vinyl-Gehaltes) [174] Unterschiede in der Vernetzungsdichte. Wie Funk [41] bereits feststellte, dient neben dem Füllstoffgehalt auch der Anteil an Vinylgruppen zur Einstellung der Härte des späteren Elastomers. Ein größerer Anteil an Vinylgruppen erhöht die Anzahl potentieller Vernetzungsstellen [7, 30], welche wiederum die Härte des Elastomers erhöhen [29].

Mit zunehmender Temperatur nimmt die Vernetzungsdichte zu, erreicht ein Maximum und fällt bei weiterer Zunahme der Vulkanisationstemperatur ab. Dieser Effekt ist bei Materialien mit höherem Füllstoffgehalt stärker ausgeprägt. Das DClBP gehört zur Gruppe der Diacylperoxide und bildet saure Zerfallsprodukte [58] – ein säure-katalysierter Polymerabbau wird gefördert. Zudem verringern die auftretenden Nebenreaktionen die Effektivität der Peroxidvernetzung [58], was wiederum zu einer geringeren Vernetzungsdichte führt [78, 174]. Nijhof und Cubera [71] stellten fest, dass die Kieselsäure aufgrund der hohen Oberfläche bzw. des Säuregehaltes Einfluss auf das Peroxid nimmt. Diese Effekte summieren sich auf und verringern die Vernetzungsdichte. Eine Veränderung der mechanischen Eigenschaften geht damit einher [63, 176, 177].

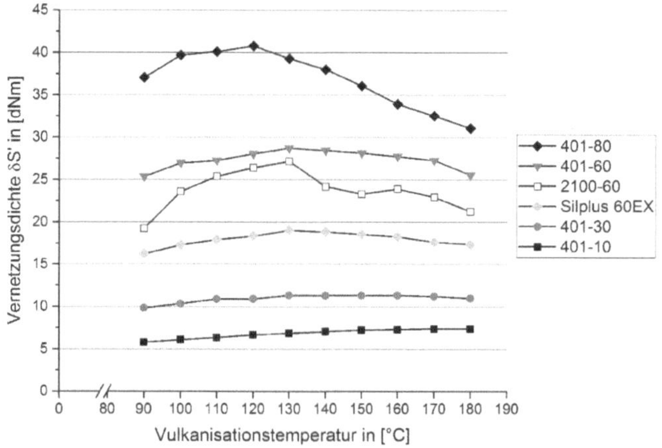

Abbildung 49: Vernetzungsdichte (δS′) ausgewählter Materialien als Funktion der Vulkanisationstemperatur – ausschließlich mit DClBP vernetzt

Um die Abhängigkeit der Vulkanisationsreaktion vom eingesetzten Vernetzungssystem zu verdeutlichen, wurden nachfolgend zwei Materialien unterschiedlicher Shore-Härte mit zwei verschiedenen Vernetzungssystemen vulkanisiert. Die Dialkylperoxide (z.B. DCP) sind thermisch stabiler im Vergleich zu den Diacylperoxiden (z.B. DClBP) [60]. Abbildung 50 zeigt die maximal aufgetretene Reaktionsrate: Das DClBP gehört zu den nicht-vinyl-spezifischen Peroxiden. Diese zeigen im Allgemeinen eine geringe Zerfallstemperatur mit einer schnellen Vernetzungszeit. Für den Einsatz im Extrusionsprozess sind die Peroxide vorteilhaft [174]. Im Vergleich dazu gehört das DCP zur Kategorie der vinyl-spezifischen Peroxide, welche bei hohen Zersetzungstemperaturen vorrangig Vernetzungsstellen an den Vinylgruppen bilden [174].

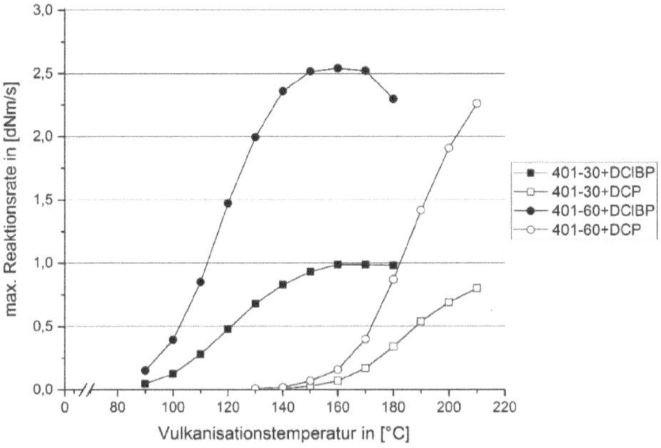

Abbildung 50: maximale Reaktionsrate zweier Festsilikonkautschuke in Abhängigkeit verschiedener Vernetzungsmittel (DClBP bzw. DCP)

Die Darstellung der Alpha-Werte am Beispiel von Elastosil 401-60 in Abbildung 51 untermauert die deutlichen Unterschiede zwischen den Vernetzungssystemen. Das thermisch instabilere DClBP vernetzt bei 160°C Vulkanisationstemperatur innerhalb von wenigen Sekunden. Das DCP zeigt nach ca. 800 s Vulkanisationszeit eine vollständige Vernetzung.

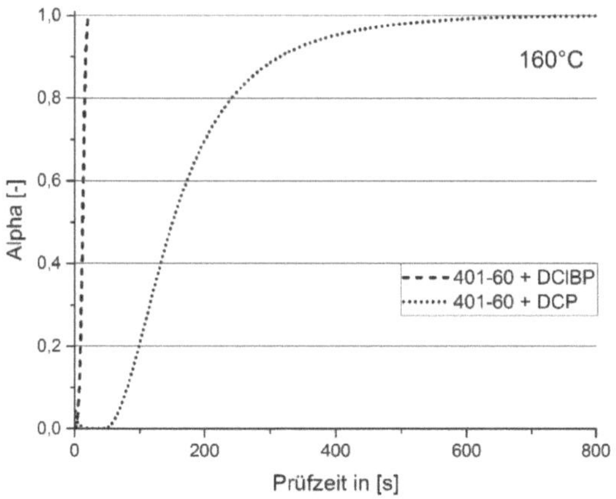

Abbildung 51: Alpha-Werte von Elastosil 401-60 vernetzt mit DClBP oder DCP bei 160°C Vulkanisationstemperatur

In Abbildung 52 ist die Vernetzungsdichte der beiden untersuchten Silikonkautschuke in Abhängigkeit der eingesetzten Peroxide und Vulkanisationstemperaturen dargestellt. Der unterschiedliche Anteil an Kieselsäure als aktiver Füllstoff führt neben der Shore-Härte zu einer unterschiedlichen Vernetzungsdichte. Härtere Mischungen mit einem größeren Anteil an Kieselsäure ergeben ein höheres Drehmoment und resultierend daraus eine höhere Vernetzungsdichte – anlog zu [29].

Zusätzlich beeinflusst das eingesetzte Vernetzungssystem die Vernetzungsdichte des Materials: Die Ergebnisse des DClBP liegen oberhalb des DCP. Die Menge an Vernetzer hat Einfluss auf die Vernetzungsdichte [174, 175, 186, 187]: Das DClBP wurde mit einem Anteil von 1,5 phr und das DCP mit einem Anteil von 0,7 phr eingemischt. Der Peroxid-Anteil des DCP liegt nach Herstellerangaben bei 40 Gew.-% und der des DClBP bei 50 Gew.-% [94, 95, 188]. Das heißt, der effektive Anteil an Peroxid ist bei DCP deutlich geringer. Eine Vergrößerung der Peroxid-Konzentration führt zu einer höheren Vernetzungsdichte [58] und höherem Drehmoment bzw. höheren mechanischen Eigenschaften [78, 176]. Eigene Untersuchungen haben gezeigt, dass eine Erhöhung der Peroxidkonzentration vorrangig bei nicht-vinyl spezifischen Peroxiden zu einer Erhöhung der Vernetzungsdichte führt. Bei vinyl-spezifischen Peroxiden bleibt die resultierende Vernetzungsdichte bei konstanter Temperatur auf ähnlichem Niveau [78].

Neben dem Füllstoffgehalt dient auch der Gehalt an Vinylgruppen zur Einstellung der Härte [41]. Ein größere Menge von Vinylgruppen erhöht die Anzahl potentieller Vernetzungsstellen

[7, 30], welche wiederum die Härte des Elastomers erhöhen [29]. In der Literatur variiert der Anteil an Vinylgruppen in HCR-Typen zwischen 0,025 und 1,5 Mol-% (=Molprozent) [29, 63, 174, 189]. Eine höhere Vernetzungsdichte aufgrund der höheren Anzahl an potentiellen Vernetzungsstellen ist die Folge [175]. Das DCP, als vinyl-spezifisches Peroxid, bildet vorrangig an den Vinylgruppen des Polysiloxans Vernetzungsstellen. Im Unterschied dazu bildet das DClBP an den Vinyl- und Methylgruppen Vernetzungsstellen.

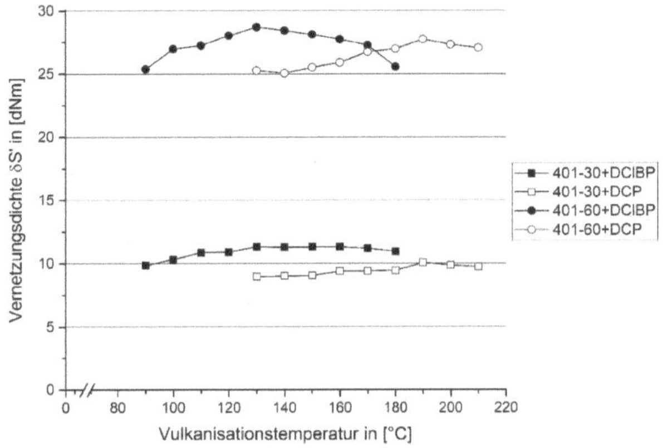

Abbildung 52: Vernetzungsdichte (δS′) zweier Festsilikonkautschuke mit DClBP bzw. DCP vernetzt in Abhängigkeit der Vulkanisationstemperatur

Die Ergebnisse der Inkubationszeit (schematische Darstellung siehe Abbildung 94), welche den Start der Vulkanisationsreaktion kennzeichnet [9, 72], sind in Tabelle 9 zusammengefasst und zeigen eine geringe Abhängigkeit von der Mischungszusammensetzung. Das Vernetzungsmittel und die daraus resultierende optimale Vulkanisationstemperatur sind für den Beginn der Vernetzungsreaktion entscheidend. Alle Materialien mit gleichen Vernetzungssystemen zeigen vergleichbare Inkubationszeiten in Abhängigkeit der Vulkanisationstemperatur. Die Inkubationszeit sinkt mit steigender Temperatur [9]. Das hier verwendete additionsvernetzende System zeigt im Gegensatz zu den Ergebnissen von [36, 70] keinen früheren Start der Vernetzung im Vergleich zu peroxidisch vernetzenden Systemen. Durch Variation des Platinkatalysators bzw. der Konzentration an Inhibitor lässt sich die Reaktivität von additionsvernetzenden Systemen verändern [66]. Da keine weiteren Informationen über die chemische Zusammensetzung dieses Vernetzungssystems zugänglich waren, ist eine allgemeingültige Aussage nicht möglich.

Die ermittelten Inkubationszeiten zeigen im Hinblick auf die kontinuierliche Vulkanisation im Extrusionsverfahren, dass das additionsvernetzende System ab einer Temperatur von 170°C und die Materialien mit dem Vernetzer DClBP ab 140°C eine Inkubationszeit von ≤ 10 s aufzeigen. Die mittlere Verweilzeit des Extrudates im Infrarot-Tunnel der Laborextrusionslinie sollte für einen Start der Reaktion am Beispiel dieser Temperaturen mindestens 4-8 s betragen. Eine nahezu vollständige Vulkanisation (=TC 90) wird nach 14-19 s erreicht. Eine Erhöhung der Temperatur im IR-Tunnel, welche gleichbedeutend mit einer Erhöhung der Vulkanisationstemperatur ist, erhöht die Vulkanisationsgeschwindigkeit des Materials und ermöglicht es höhere Liniengeschwindigkeiten (mit kürzeren resultierenden Verweilzeiten im IR-Tunnel) zu realisieren. Höhere Durchsätze sind die Folge.

Tabelle 9: ermittelte Inkubationszeiten in [s] der untersuchten Silikonkautschuke

Vulk.temp.	Synersil 109011	401-10	401-30	401-60	Silplus 60EX	2100-60	401-80	401-30	401-60
	Pt	DClBP						DCP	
[°C]	[s]	[s]	[s]	[s]	[s]	[s]	[s]	[s]	[s]
210	---	---	---	---	---	---	---	14	11
200	---	---	---	---	---	---	---	17	14
190	---	---	---	---	---	---	---	21	17
180	8	5	5	4	5	5	5	29	25
170	10	5	6	5	5	6	5	45	38
160	12	7	7	6	7	7	6	84	76
150	14	8	8	8	8	8	8	245	190
140	20	10	10	10	10	10	10	731	619
130	30	13	13	13	12	11	13	2.338	1.969
120	54	17	17	16	16	15	17	---	---
110	124	24	25	23	23	23	24	---	---
100	325	41	43	40	40	41	41	---	---
90	1.078	79	98	93	89	107	95	---	---

Tabelle 10: TC 90 in [s] für die untersuchten Silikonkautschuke in Abhängigkeit der Vulkanisationstemperatur

Vulk.temp.	Synersil 109011	401-10	401-30	401-60	Silplus 60EX	2100-60	401-80	401-30	401-60
	Pt	DClBP						DCP	
[°C]	[s]	[s]	[s]	[s]	[s]	[s]	[s]	[s]	[s]
210	---	---	---	---	---	---	---	25	25
200	---	---	---	---	---	---	---	31	31
190	---	---	---	---	---	---	---	43	45
180	19	16	15	14	14	14	14	68	73
170	22	17	17	15	16	15	15	128	139
160	25	19	18	17	17	17	16	293	313
150	31	22	20	19	19	19	18	636	727
140	41	27	25	22	23	22	22	1.634	2.003
130	67	39	32	28	29	28	28	4.543	5.757
120	132	74	49	40	44	42	43	---	---
110	290	162	89	70	82	79	82	---	---
100	734	406	182	146	175	175	179	---	---
90	2.019	946	432	359	431	414	452	---	---

Eine Analyse der Vulkanisationsisothermen in Bezug auf die Aktivierungsenergie in Anlehnung an DIN 53529 Teil 2 [180] ergibt eine Abhängigkeit der Aktivierungsenergie primär von dem verwendeten Vernetzungssystem und sekundär von der Mischungszusammensetzung (Abbildung 53). Die Abbildung zeigt unterschiedliche Materialien, welche mit drei verschiedenen Vernetzungssystemen vulkanisiert wurden. Das additionsvernetzende System (Synersil 109011) zeigt im Vergleich die geringste Aktivierungsenergie. Die dunkelgrau markierten Balken zeigen Materialien unterschiedlicher Shore-Härte bzw. Hersteller, welche alle mit 1,5 phr DClBP vulkanisiert wurden. Es wird deutlich, dass mit steigender Shore-Härte, welche unter anderem mit dem Füllstoffgehalt eingestellt wird, die Aktivierungsenergie steigt [159, 171]. Dies kann auf die reduzierte Kettenbeweglichkeit der Moleküle bei hohen Füllstoffanteilen zurückgeführt werden [21]. Silikonkautschuke weisen aufgrund der offenen Struktur der Dimethylsiloxan-Einheit im Allgemeinen eine hohe Kettenbeweglichkeit auf [190]. Die Art und der Anteil des Füllstoffs führen zu ausgeprägten Füllstoff-Polymer-Wechselwirkungen, welche die Kettenbeweglichkeit einschränken [10, 21, 72, 171]. Die Klebrigkeit des Compounds ist direkt proportional zur Kettenbeweglichkeit und dient hier als Indikator [190]. Der Anteil an gebundenem Kautschuk, auch Bound Rubber genannt, steigt mit zunehmendem Füllstoffanteil [72, 171] und reduziert die Beweglichkeit der Molekülketten. Die grau schraffierten Balken in Abbildung 53 zeigen Materialien mit unterschiedlicher Shore-Härte, welche mit 0,7 phr DCP vulkanisiert wurden. Auch hier zeigt sich der Trend, dass mit steigendem Füllstoffanteil die Aktivierungsenergie steigt. Im Vergleich zum DClBP zeigt das DCP eine deutlich höhere Aktivierungsenergie und ist aufgrund dessen thermisch stabiler – analog zu [60]. Die optimale Zersetzungstemperatur des DClBP liegt nach Herstellerangaben bei ca. 90°C, wohingegen das DCP optimale Zersetzung bei ca. 175°C zeigt [94, 95, 188]. Alle hier eingesetzten Peroxide sind thermisch stabiler im Vergleich zum additionsvernetzenden Material, was durch einen Vergleich der Inkubationszeiten bei gleichen Temperaturen (siehe Tabelle 9) ebenfalls deutlich wird.

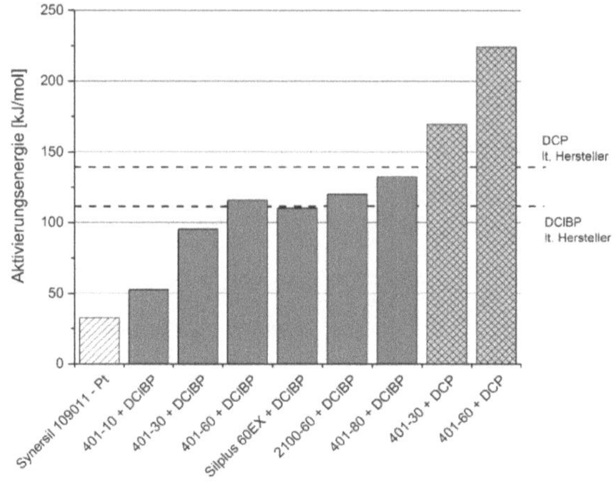

Abbildung 53: Ermittelte Aktivierungsenergie der untersuchten Festsilikonkautschuke in Anlehnung an [180]

Ein frühzeitiges Anvulkanisieren des Materials aufgrund des dissipativen Wärmeeintrags im Extruder muss, wie in Kapitel 6.1.2 beschrieben, vermieden werden. Die Inkubationszeit, als Start der Reaktion, bei definierter Temperatur ist ein Indikator, um Aussagen über das Anvulkanisationsverhalten zu erhalten. Zur Abschätzung der Prozesssicherheit während des Extrusionsprozesses kann mit Hilfe der Gesetze von Arrhenius und van't Hoff auf Basis ermittelter und somit bekannter Inkubationszeiten auf Inkubationszeiten bei beliebigen Temperaturen geschlossen und näherungsweise bestimmt werden [9, 191, 192]. Hierfür findet in Anlehnung an die DIN 53529 [191] folgende Formel Verwendung:

$$S\,\lg(t_{I2}) = \lg(t_{I1}) - \frac{E_A * (T_2 - T_1)}{19{,}1 * T_1 * T_2} \qquad 6\text{-}3$$

t_{I2} = unbekannte Inkubationszeit bei Temperatur T_1

t_{I1} = bekannte Inkubationszeit bei Temperatur T_2

E_A = Aktivierungsenergie

Die Ergebnisse der prognostizierten Inkubationszeit sind in Tabelle 11 dargestellt. Es wurden nur die für die Extrusion in Frage kommenden Materialien untersucht (das DCP eignet sich primär für Pressverfahren [7]). Wie zu erwarten, nimmt die Inkubationszeit mit abnehmender Vulkanisationstemperatur exponentiell zu [9, 169]. Vergleicht man die Materialien mit dem Peroxid DCIBP, wird ersichtlich, dass mit steigendem Füllstoffgehalt und Shore-Härte die

Inkubationszeit bei gleicher Temperatur zunimmt. Dies ist wiederum auf die abnehmende Kettenbeweglichkeit bei steigendem Füllstoffgehalt zurückzuführen [10, 72].

Die Verweilzeit des Silikonkautschuks im Extruder sollte diese Zeiten nicht übersteigen. Eine Kontrolle der Materialaustrittstemperaturen wird zudem als sinnvoll erachtet, da die (Vulkanisations-)Temperatur einen maßgeblichen Einfluss auf die Inkubationszeit hat. Mit steigender Temperatur nimmt die Inkubationszeit ab [169]. Zur Minimierung der Scorch-Gefahr empfiehlt Dow Corning [23] die Extrusion bei Raumtemperatur – Temperaturen über 54°C sollten vermieden werden.

Tabelle 11: prognostizierte Inkubationszeiten als Funktion der Vulkanisationstemperatur

Vulk.temp.	Synersil 109011	401-10	401-30	401-60	Silplus 60EX	2100-60	401-80
	Pt	DClBP					
[°C]	[min]	[min]	[min]	[min]	[min]	[min]	[min]
80	24	2	4	5	4	5	6
75	29	3	6	8	7	10	11
70	34	4	10	15	13	18	21
65	40	5	17	27	22	34	41
60	48	6	28	49	40	64	83
55	57	8	48	94	73	125	171
50	69	11	82	181	137	247	364
45	83	16	143	356	262	498	789
40	102	21	255	718	510	1.030	1.756

6.4. Zwischenfazit

Die Analyse des Reaktionsverlaufes ausgewählter Silikonkautschuke mit Hilfe eines RPA ermöglicht es den Vulkanisationsprozess zu untersuchen: Eine Erhöhung der Vulkanisationstemperatur führt unabhängig vom Vernetzungssystem zu einer kürzeren Vernetzungszeit. Eine Erhöhung der Vernetzungsdichte ist nicht zwangsläufig damit verbunden, da vor allem bei peroxidisch vernetzenden Systemen Nebenreaktionen, welche mit der eigentlichen Vernetzungsreaktion konkurrieren, stattfinden.

Die Wahl des Vernetzungssystems hat fundamentalen Einfluss auf den gesamten Vulkanisationsprozess. Im Bereich der organischen Peroxide führen nicht-vinyl-spezifische Peroxide zu höheren Vernetzungsdichten im Vergleich zu vinyl-spezifischen Systemen.

Neben der Wahl des Vernetzungsmittels hat auch die Wahl des eingesetzten Silikonkautschuks Einfluss auf den Vulkanisationsprozess: Es konnte gezeigt werden, dass ein hoher Füllstoffgehalt die Aktivierungsenergie aufgrund zunehmender Immobilität der Polymerketten erhöht und die Materialien somit thermisch stabiler werden. Die Prognose der

Inkubationszeiten verdeutlicht, dass bei gleicher Temperatur der Start der Reaktion bei höher gefüllten Systemen später einsetzt. Die Verwendung von DClBP und Materialtemperaturen um Raumtemperatur minimieren die Gefahr einer frühzeitigen Vulkanisation auf ein Mindestmaß. Schnellere Reaktionsgeschwindigkeiten durch Verwendung additionsvernetzender Systeme konnten am Beispiel des eingesetzten Materials nicht detektiert werden. Aufgrund der fehlenden Informationen über die genaue Rezeptur ist es nicht möglich allgemeingültige Aussagen zu treffen.

7. Identifikation der prozessseitigen Einflussparameter in der Extrusion

Das folgende Kapitel befasst sich mit der Identifikation der signifikanten Einflussparameter beim Extrusionsprozess von HCR. Auf Basis der statistischen Versuchsplanung (DoE = Design of Experiment) wurden Versuchspläne generiert und umgesetzt, um den Einfluss der Prozessparameter auf ausgewählte Eigenschaften des Extrudates zu identifizieren und die Effekthöhe zu quantifizieren.

7.1. Stand der Forschung und Technik

Wie Rauwendaal et al. [16] bemerkten, gibt es trotz der wachsenden kommerziellen Bedeutung von Silikonkautschuk wenig Literatur, welche sich mit dem grundlegenden Verständnis von Prozessen im Bereich der Silikonkautschukextrusion beschäftigt.

Harms [80] und Köster et al. [79] geben einen Überblick über die technischen Möglichkeiten im Bereich der Kautschukextrusion – die Silikonkautschukextrusion bzw. eine fundierte Prozessanalyse steht nicht im Fokus der Betrachtung.

Limper und Coautoren [25, 76, 120] befassen sich unter anderem mit der rheologischen Charakterisierung verschiedener organischer Kautschuke und geben Aufschluss über die technische Auslegung von Extrudern und der passenden Werkzeugtechnik.

Bei den Arbeiten von Michaeli [85] und Westermann [74, 75] geht es primär um die Herstellung von geschäumten Profilen aus organischen Kautschuken. Neben physikalischen Treibmitteln wie Kohlendioxid oder Stickstoff wurde Wasser als zusätzliche Möglichkeit zur Herstellung zellularer Schaumstrukturen identifiziert. Die Arbeiten von Sitz [36, 193] bauen auf den Ergebnissen von Westermann auf und stellen die Herstellung von physikalisch geschäumten Silikonkautschukprofilen in den Fokus. Grundlegende Betrachtungen im Hinblick auf die Prozessführung werden nicht vorgenommen: Neben der Entwicklung einer geeigneten Anlagentechnik zur kontinuierlichen Fertigung von geschäumten Profilen mit Hilfe von Zahnradpumpen steht die Identifikation der signifikanten Einflussparameter auf die Zellstruktur im Vordergrund der Analyse.

Cannon et al. [190] modifizierten die Oberfläche von extrudierten Silikonkautschukschläuchen durch spezielle Düsengeometrien, um die Adhäsion bzw. die Klebrigkeit zu reduzieren. Erklärungen zum Prozessverständnis bleiben auch hier unberücksichtigt.

Lehnen [26] identifizierte die wichtigsten Einflussfaktoren auf den Wärmeeintrag bei der

Extrusion. Der Einfluss der Prozessparameter stand ebenfalls nicht im Fokus der Untersuchungen.

7.2. Wissenschaftliche Fragestellung

- *Welchen Einfluss haben die Prozessparameter Schneckendrehzahl, Materialtemperatur, Infrarot-Tunneltemperatur, Tunnelhöhe und die Höhe des Durchhangsensors auf die Zielgrößen Ausstoß, Strangaufweitung und Extrudattemperatur?*

7.3. Ermittlung der signifikanten Parameter bei der Verarbeitung von HCR im Extrusionsverfahren mit Hilfe der statistischen Versuchsplanung

Die nachfolgenden Extrusionsversuche wurden auf einer vertikalen Silikonextrusionslinie EEK 32.12 S - 4/90SIR der Rubicon Gummitechnik und Maschinenbau GmbH/Deutschland durchgeführt. Die Prozessparameter Schneckendrehzahl, Materialtemperatur bzw. Temperatur der Kühlzonen des Extruders, Infrarot-Tunneltemperatur, Tunnelhöhe und die Höhe des Durchhangsensors wurden variiert, um die Prozess-Eigenschafts-Beziehungen in Bezug auf ausgewählte Eigenschaften des Extrudates zu identifizieren und zu quantifizieren. Abbildung 54 stellt die Prozessführung inklusive aller zentralen Bauelemente bei der Verarbeitung von Festsilikonkautschuk mittels Extrusion schematisch dar.

Die Tunnelhöhe beschreibt den Abstand zwischen Düsenausgang und Eingang des Infrarot-Tunnels: Ein steigender Wert bedeutet eine Zunahme des Abstandes. Die Vulkanisation des Extrudates erfolgt zu einem späteren Zeitpunkt. Die Materialtemperatur ist die eingestellte Solltemperatur der Kühlzonen des Extruders. Der Durchhang bildet die Position des Durchhangsensors und somit die Länge des Extrudates, welches von der Matrize hängt, ab. Je größer der Durchhang, desto länger ist das Extrudat, welches an der Düse hängt. Ein größerer Durchhang führt zu einer Zunahme des Eigengewichts bzw. erhöhter Zugbeanspruchung am unvulkanisierten Teil des Extrudates. Der Polymerstrang sollte mit zunehmendem Durchhang und zunehmender Belastung dünner werden [7].

Bei den nachfolgenden Untersuchungen wurde ein Werkzeug zur Herstellung eines rotationssymmetrischen Vollprofils verwendet. Alle hier untersuchten Materialien wurden mit dem gleichen Extrusionswerkzeug verarbeitet, um den Einfluss der Werkzeuggeometrie auf den Extrusionsprozess konstant zu lassen.

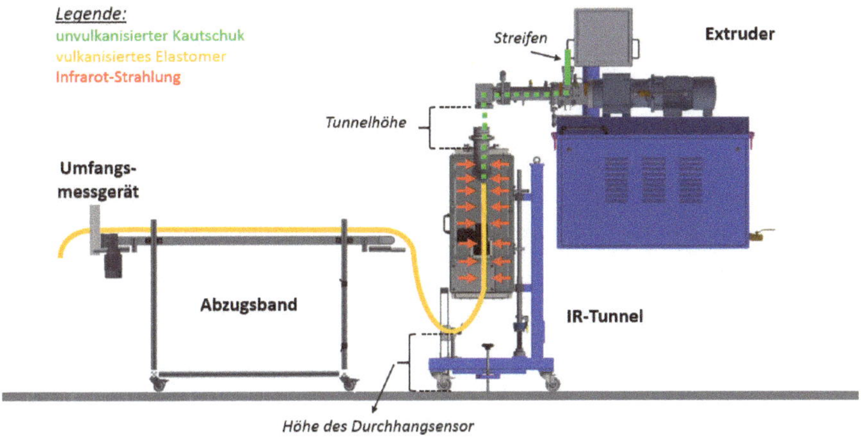

Abbildung 54: Darstellung der Prozessführung bei der Verarbeitung von Festsilikonkautschuk mit Hilfe einer vertikalen Laborextrusionslinie in Anlehnung an [87]

7.3.1. Signifikante Prozessparameter auf den Ausstoß

Der Ausstoß bzw. Durchsatz wurde ermittelt, indem das Gewicht der extrudierten Chargen in Abhängigkeit der Prüfzeit gewogen wurde (vgl. auch [104]). Der Gewichtsverlust während der Vulkanisation im IR-Tunnel wurde vernachlässigt. Die Ergebnisse sind in Abbildung 55 dargestellt. Die Schneckendrehzahl ist der signifikante Faktor für alle Materialien. Mit steigender Schneckendrehzahl steigt der Durchsatz bei der Verarbeitung aller verwendeten Materialien – analog zu [80]. Basierend auf den Ergebnissen aller Punkte des Versuchsplans wurde ein Regressionsmodell erstellt. Die Formel 7-1 zeigt beispielhaft das Modell für das Material Elastosil 401-30. Das Bestimmtheitsmaß liegt bei 99,95 %, was einer hohen Vorhersagegenauigkeit bzw. Modellgüte entspricht (Synersil 109011: R^2 = 99,98 %; Elastosil 401-60: R^2 = 92,90 %). Es herrscht ein linearer Zusammenhang zwischen der Drehzahl und dem resultierenden Ausstoß [170]. Für das Synersil 109011 wurden weitere Effektzusammenhänge detektiert. Das dazugehörige Konturdiagramm zeigt jedoch einen nahezu linearen Zusammenhang zwischen der Drehzahl und dem Ausstoß. Die restlichen Effekte sind daher vernachlässigbar.

Regressionsmodell:

$$Ausstoß_{401-30}\left[\frac{kg}{h}\right] = 0{,}4921 + 0{,}24121 * Drehzahl \qquad 7\text{-}1$$

$R^2 = 99{,}95\ \%$

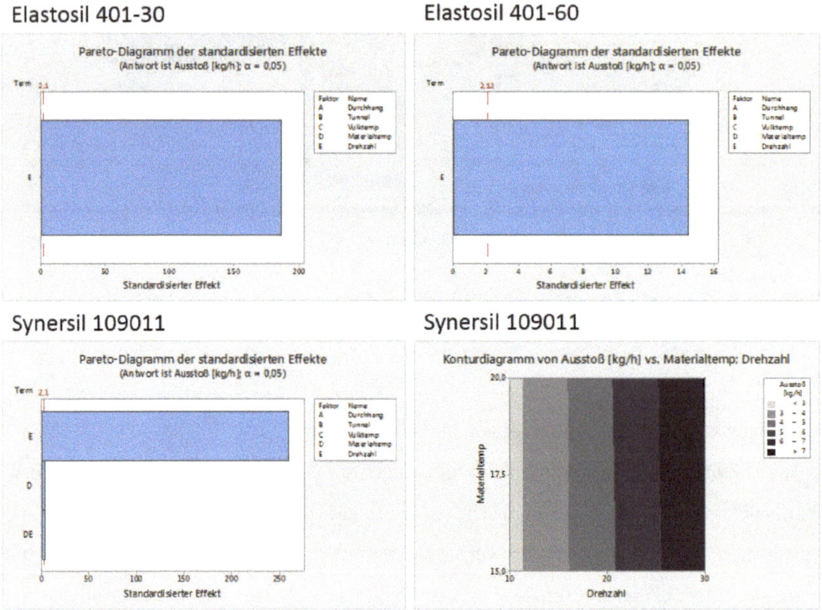

Abbildung 55: Pareto- und Konturdiagramme in Bezug auf den Ausstoß für das Elastosil 401-30, Synersil 109011 und das Elastosil 401-60

Die Abbildung 56 zeigt die Höhe der signifikanten Effekte, welche im Regressionsmodel der drei untersuchten Materialien Berücksichtigung finden. Die Drehzahl ist in Bezug auf den Ausstoß der ausschlaggebende Parameter. Alle anderen auftretenden Effekte sind vernachlässigbar.

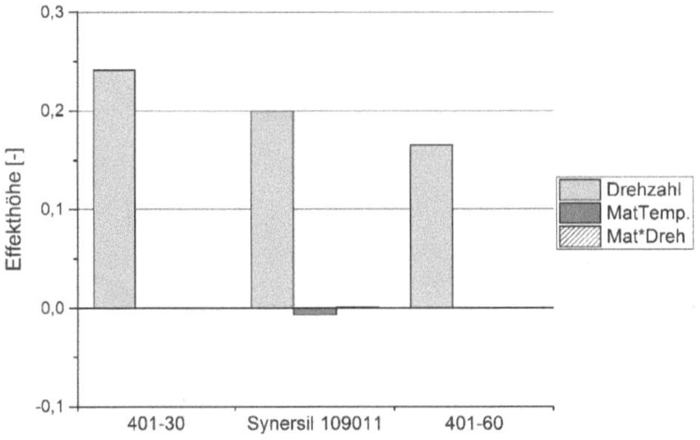

Abbildung 56: Höhe der signifikanten Effekte in Bezug auf die Zielgröße Ausstoß auf Basis der Regressionsmodelle für alle untersuchten Silikonkautschuke

7.3.2. Identifikation der Einflussparameter auf die Strangaufweitung

Die Strangaufweitung wurde mit Hilfe der Formel 5-1 berechnet. Bei allen Untersuchungen in diesem Kapitel war die Werkzeuggeometrie konstant. Für alle hier untersuchten Materialien sind die Parameter Drehzahl und Durchhang signifikant. Für das Synersil 109011 hat die Vulkanisationstemperatur zudem einen geringen Einfluss auf die Strangaufweitung. Analog zu den Ergebnissen aus Kapitel 5.3.3 führt eine steigende Schneckendrehzahl und daraus resultierend eine erhöhte Schergeschwindigkeit zu einer zunehmenden Strangaufweitung des Silikonkautschuks [89]: Das Polymer hat unter anderem weniger Zeit für Relaxationsvorgänge im Werkzeug [89, 91]. Ein zunehmender Durchhang (dies entspricht einer niedrigen Position des Durchhangsensors) erhöht das Gewicht auf dem unvulkanisierten Kautschuk und reduziert den Effekt der Strangaufweitung [7, 23].

Darüber hinaus beeinflusst die Viskosität bzw. die Shore-Härte des Materials die Strangaufweitung: Es konnte gezeigt werden, dass Materialien mit geringerer Viskosität und Shore-Härte höhere Werte in Bezug auf die Strangaufweitung erreichen [7, 19]. Dies deckt sich wiederum mit den Ergebnissen aus Kapitel 5.3.3.

Das Regressionsmodell wird beispielhaft für das Elastosil 401-60 gezeigt. Die Modellqualität ist mit ca. 90 % sehr gut. Im Vergleich dazu liegt die Modellgüte bei Synersil 109011 bei 96,05 % und Elastosil 401-30 bei 94,86 %.

Regressionsmodell:

$$Strangaufweitung_{401-60}\ [-] = 1{,}07925 - 0{,}01184 * Durchhang + 0{,}002248 * Drehzahl \qquad 7\text{-}2$$

$R^2 = 90{,}41\ \%$

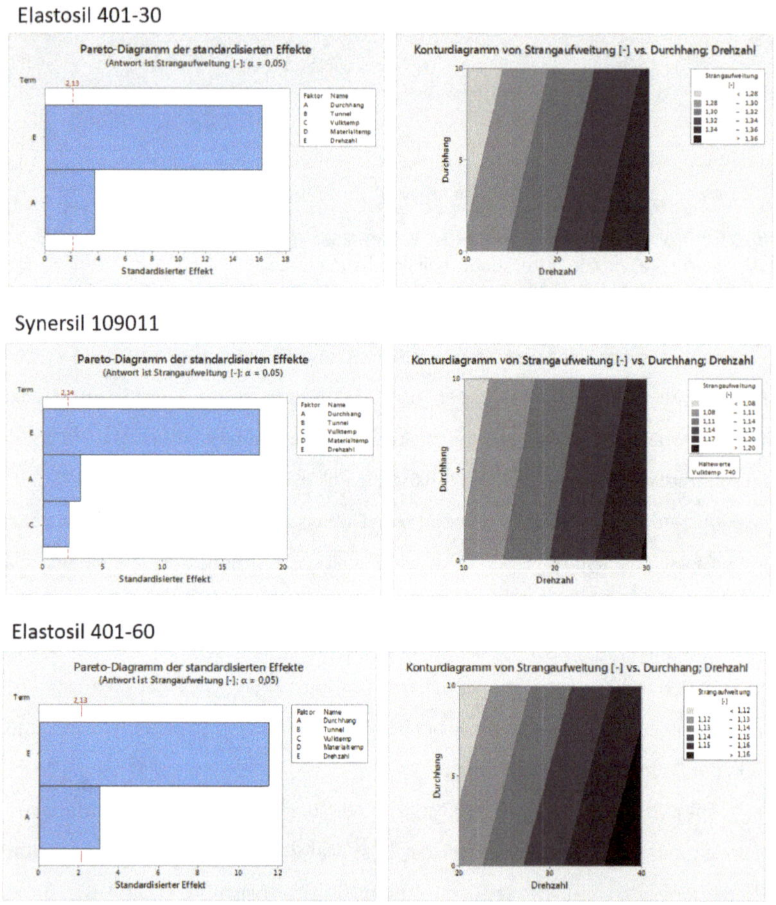

Abbildung 57: Pareto- (oben) und Konturdiagramme (unten) in Bezug auf die Strangaufweitung für das Elastosil 401-30 (A), Synersil 109011 (B) und das Elastosil 401-60 (C)

Die Höhe der signifikanten Effekte in Bezug auf die Strangaufweitung sind in Abbildung 58 dargestellt. Die Drehzahl zeigt den größten Effekt und vergrößert die Strangaufweitung durch Erhöhung des Ausstoßes bzw. der Schergeschwindigkeit (vgl. [89, 128]). Der Parameter

Durchhang verringert die Strangaufweitung: Je größer der Durchhang, desto mehr Material zieht den unvulkanisierten Teil des Extrudates in die Länge und reduziert so dessen Austrittsquerschnitt [7]. Der Durchhang zeigt eine deutlich geringere Effekthöhe im Vergleich zur Drehzahl.

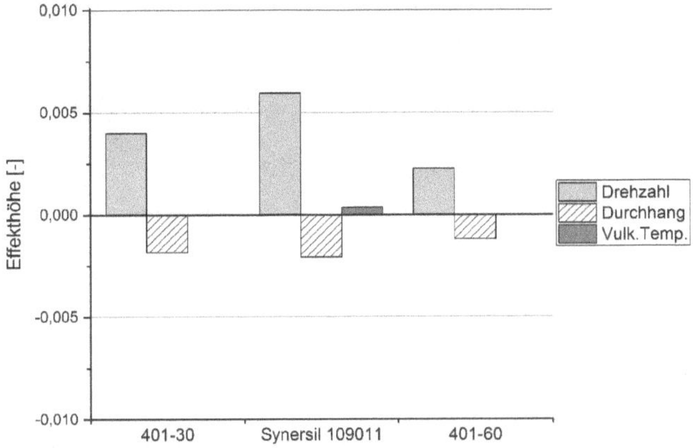

Abbildung 58: Höhe der Effekte in Bezug auf die Zielgröße Strangaufweitung auf Basis der Regressionsmodelle für alle untersuchten Festsilikonkautschuke

7.3.3. Einfluss der Prozessparameter auf die Extrudattemperatur nach Verlassen des IR-Tunnels

Die Temperatur des Extrudates nach Verlassen des Infrarot-Tunnels ist ein Indikator für den Vulkanisationsprozess. In Abbildung 59 ist ein Thermogramm dargestellt, welches beispielhaft das Extrudat nach Verlassen des IR-Tunnels zeigt. Die maximal auftretende Extrudattemperatur wurde wie zu erwarten direkt nach Ausgang des Tunnels detektiert (siehe roter Rahmen).

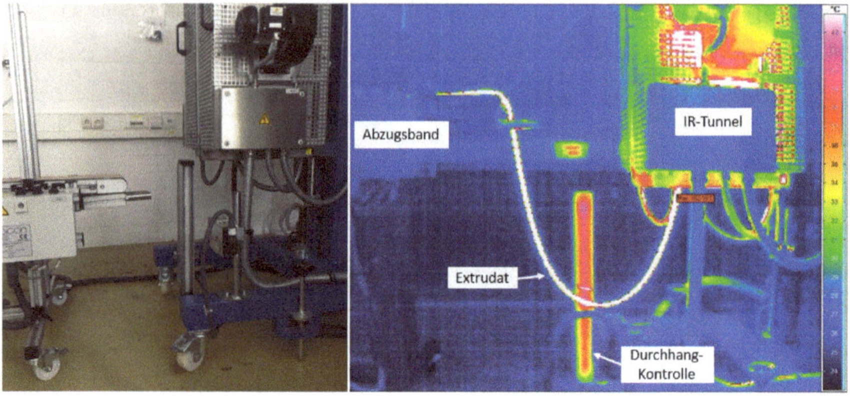

Abbildung 59: Darstellung des Prüfaufbaus (links) und bsph. ein Thermogramm des Extrudates nach Verlassen des IR-Tunnels (rechts)

In Abhängigkeit des eingesetzten Vernetzungssystems muss eine materialspezifische Temperatur überschritten werden, um die Vulkanisationsreaktion zu starten [59]. Bei beiden Elastosil-Typen wurde ein organisches Peroxid (DClBP) mit einer Zerfallstemperatur von mindestens 90°C eingesetzt [78, 188]. Auf Basis der Ergebnisse aus Kapitel 6.3 (Tabelle 10) wird deutlich, dass die Vulkanisationsgeschwindigkeit für das additionsvernetzende Material bei gleicher Vulkanisationstemperatur etwas geringer ist. Abbildung 60 zeigt die Ergebnisse von Aufheizratenmessungen mit Hilfe des RPA und verdeutlicht diesen Umstand: bei konstanter Aufheizrate (5 K/min) startet die Reaktion des Synersil 109011 im Vergleich zu den anderen Materialien etwas später und erreicht die maximale Reaktionsrate bei 112°C (im Vergleich zu 94°C bei den peroxidisch vernetzenden Systemen). Aufgrund dessen sollte die Materialtemperatur nach Verlassen des IR-Tunnels im Vergleich zum Peroxid etwas höher sein.

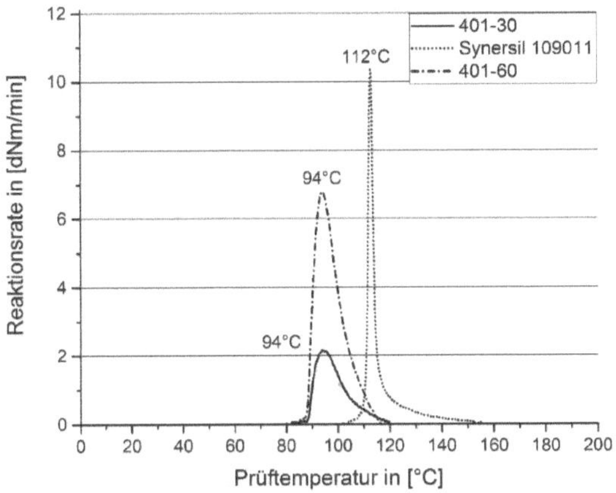

Abbildung 60: Reaktionsrate der untersuchten Festsilikonkautschuke bei konstanter Aufheizrate (5 K/min)

Maßgebliche Prozessparameter für die Extrudattemperatur nach Verlassen des IR-Tunnels sind die Schneckendrehzahl und die Temperatur des IR-Tunnels. Die Schneckendrehzahl beeinflusst den Durchsatz und damit die Verweilzeit im IR-Tunnel [79, 92, 170].

Für alle Materialien sind die Parameter Schneckendrehzahl und Vulkanisationstemperatur signifikant. Für das Synersil 109011 zeigt der Parameter Tunnelhöhe einen geringen Einfluss. Die Temperatur des IR-Tunnels beeinflusst den Energieeintrag und damit die Extrudattemperatur nach Verlassen des Tunnels. Mit zunehmender Schneckendrehzahl (und steigendem Durchsatz) sinkt die Temperatur des Extrudates aufgrund der geringeren Verweilzeit auf ein niedrigeres Niveau. Eine höhere Tunneltemperatur vermindert diesen Effekt. Das folgende Regressionsmodell für das Elastosil 401-30 zeigt den großen Einfluss der Schneckendrehzahl und der Tunneltemperatur. Das Bestimmtheitsmaßstab ist erneut hoch (98,39 %), was zu einer hohen Prognosegenauigkeit führt (im Vergleich dazu zeigt das Synersil 109011: R^2 = 97,08 %; Elastosil 401-60: R^2 = 90,80 %).

Regressionsmodell:

$$Extrudattemperatur_{401-30}\ [°C] = 24{,}0 + 0{,}3028 * Vulktemp - 3{,}993 * Drehzahl \quad 7\text{-}3$$

$R^2 = 98{,}39\ \%$

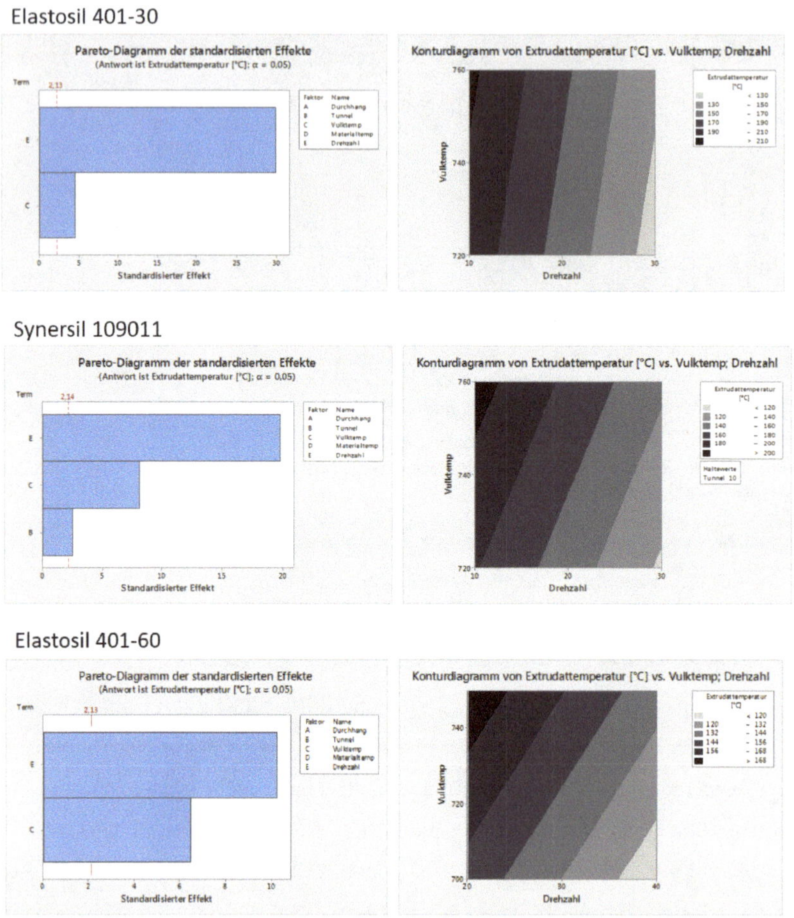

Abbildung 61: Pareto- und Konturdiagramme in Bezug auf die Extrudattemperatur nach Verlassen des IR-Tunnels für Elastosil 401-30, Synersil 109011 und Elastosil 401-60

Die Abbildung 62 zeigt die Effekthöhe der signifikanten Parameter in Bezug auf die Extrudattemperatur. Die Drehzahl zeigt den größten Effekt und verringert bei steigender Drehzahl die Extrudattemperatur durch Verkürzung der Verweilzeit im IR-Tunnel. Eine Erhöhung der IR-Tunneltemperatur erhöht den Energieeintrag in das Material. Eine erhöhte Extrudattemperatur ist die Folge. Für das Synersil 109011 stellt die Tunnelhöhe, welche mit einem früheren Eintritt in den IR-Tunnel gleichbedeutend ist, ebenfalls eine Erhöhung der Extrudattemperatur dar.

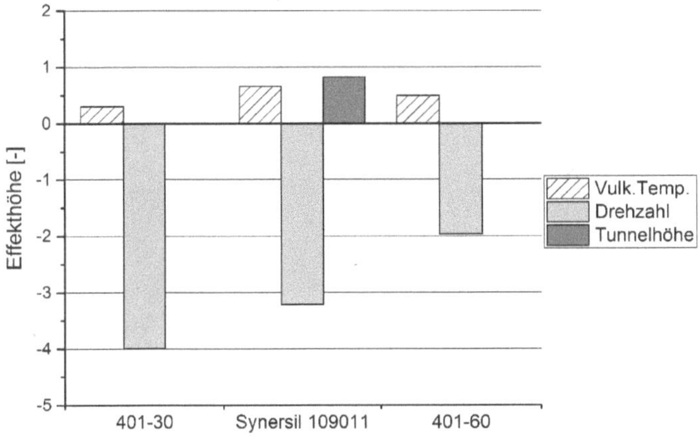

Abbildung 62: Effekthöhe in Bezug auf die Zielgröße Extrudattemperatur nach Verlassen des IR-Tunnels auf Basis der Regressionsmodelle

Der Einfluss einer Erhöhung der IR-Tunneltemperatur auf die resultierende Extrudattemperatur lässt sich durch Untersuchung der Wärmeleitfähigkeit erläutern. Nachfolgende Abbildung 63 zeigt die Wärmeleitfähigkeit verschiedener Festsilikonkautschuke in Abhängigkeit der Prüftemperatur. Alle hier untersuchten Silikonkautschuke zeigen eine geringe Wärmleitfähigkeit, welche sich über den Prüftemperaturbereich kaum verändert – analog zu den Ergebnissen von Limper [25]. Mit zunehmendem Füllstoffgehalt steigt die Wärmeleitfähigkeit an [76]. Bei Materialien mit höherem Füllstoffgehalt (z.B. Synersil 109011) hat die Erhöhung der IR-Tunneltemperatur einen größeren Effekt auf die Extrudattemperatur, im Vergleich zu Materialien mit geringem Füllstoffgehalt (z.B. Elastosil 401-10). Gesamthaft betrachtet ist dieser Effekt im Vergleich zur Schneckendrehzahl als gering einzustufen.

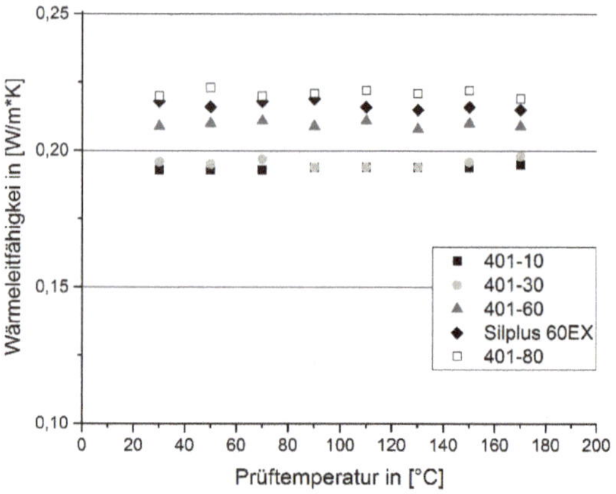

Abbildung 63: Wärmeleitfähigkeit verschiedener Festsilikonkautschuke in Abhängigkeit der Prüftemperatur (ermittelt mit einem HKR)

7.4. Zwischenfazit

Der signifikante Faktor für die hier untersuchten Merkmale Durchsatz, Strangaufweitung und Extrudattemperatur ist die Schneckendrehzahl: Mit steigender Schneckendrehzahl steigt der Durchsatz [79, 92]. Ein höherer Durchsatz führt zu höheren Schergeschwindigkeiten im Werkzeug, was zu einer höheren Strangaufweitung des Extrudates und damit zu unterschiedlichen geometrischen Abmessungen je nach Füllstoffgehalt und resultierendem Härtegrad des Silikonkautschuks führt. Die Zusammenhänge sind in Abbildung 64 dargestellt.

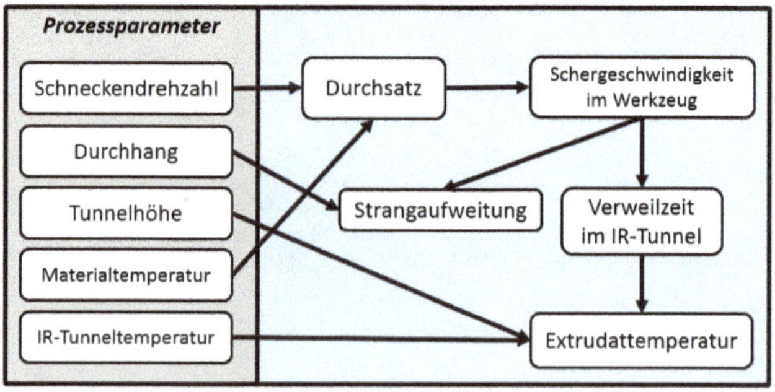

Abbildung 64: Zusammenfassung der untersuchten Prozess-Eigenschafts-Beziehungen

Die Temperatur des Extrudates nach dem Verlassen des IR-Tunnels wird hauptsächlich durch die Schneckendrehzahl und zusätzlich (in geringerem Maße) durch die Temperatur des IR-Tunnels beeinflusst. Eine steigende Schneckendrehzahl verringert die Verweilzeit im IR-Tunnel und beeinflusst den Vulkanisationsprozess durch Veränderung des Energieeintrags in den Silikonkautschuk und damit die Temperatur des Extrudates. Dieser Umstand stellt den limitierenden Faktor des gesamten Verarbeitungsprozesses dar [74]: Ist die Schneckendrehzahl zu hoch und damit verbunden der Durchsatz, wird die Verweilzeit im IR-Tunnel stark reduziert. Infolgedessen findet keine ausreichende Vulkanisation statt. Eine Verlängerung des Tunnels, das Mehrfach-Durchführen des Extrudates durch den IR-Tunnel mit Hilfe von Umlenkrollen oder eine Erhöhung der Tunneltemperatur sind mögliche Lösungsansätze, um das Material ausreichend zu vulkanisieren.

Die Qualität aller Regressionsmodelle liegt bei mindestens 90 %. Das Verhalten aller hier untersuchten Materialien wird somit mit den aufgestellten Modellen auf Basis der teilfaktoriellen Versuchspläne hinreichend genau beschrieben. Die Auswertung der Effekthöhe verdeutlicht die Richtung und Gewichtung der untersuchten Prozessparameter. Die Drehzahl ist der bedeutendste Parameter im Hinblick auf die hier untersuchten Merkmale Durchsatz, Strangaufweitung und Extrudattemperatur.

In der Industrie wird üblicherweise ein fester Parametersatz, bei dem Materialien aufgrund wirtschaftlicher Aspekte extrudiert werden, verwendet. Das hat zur Folge, dass die geometrische Ausgestaltung der Werkzeuge eine wichtige Rolle bei der Extrusion von Silikonkautschuk spielt, um die geometrischen Abmessungen des Extrudates bei konstanter Schneckendrehzahl zu beeinflussen. Je nach Viskosität des Materials ist die Strangaufweitung unterschiedlich stark ausgeprägt und muss bei der Werkzeugentwicklung berücksichtigt werden [7, 19] (vgl. auch Kapitel 5.3.2.).

8. Entwicklung geeigneter Werkzeuge für den Extrusionsprozess

Die Ergebnisse aus den vorangegangenen Kapiteln verdeutlichen die Bedeutung der Werkzeugtechnik für die Ausgestaltung der gewünschten Geometrie bei der Extrusion von Festsilikonkautschuk. In diesem Kapitel wird der Einfluss verschiedener Werkzeuge mit unterschiedlichen Längen- zu Durchmesser-Verhältnissen untersucht. Neben den geometrischen Abmaßen des Extrudates steht das Auftreten von Fließinstabilitäten, welche sich in Form von Oberflächen- oder Volumendefekten äußern, im Fokus der Untersuchung.

8.1. Stand der Forschung und Technik

Die Gestaltung von Werkzeugen beruht oftmals auf dem empirischen Wissen des Werkzeugbauers [16 bis 21]. Rauwendaal et al. [16] unterscheiden in der Profilextrusion zwei Arten von Werkzeugen: Lochplatten oder Blendenwerkzeuge und stromlinienförmige Düsen. Das Blendenwerkzeug ist im Kautschukbereich weit verbreitet und hat sich auch für die Verarbeitung von Silikonkautschuk bewährt [6, 23, 24]. Elementarer Nachteil ist ein hoher Einfahraufwand in einem iterativen Prozess zusammen mit Nacharbeiten am Werkzeug [21, 22]. Hierbei kommt es laut Fattmann [22] oftmals zum „intuitiven" Korrigieren auf Basis von Erfahrungswerten des Werkzeugbauers. Dieses „Trial-and-Error"-Prinzip ist nicht reproduzierbar [22]. Ein Materialwechsel impliziert in der Regel eine Werkzeuganpassung bzw. vollständige Neugestaltung [20, 21]. Ein weiterer Nachteil der Blendenwerkzeuge ist das Auftreten von zum Teil großen Totwassergebieten. Eine lange Verweilzeit des Materials in diesen Gebieten gepaart mit der Friktions- bzw. Prozesswärme erhöht die Scorch-Gefahr [6, 23].

Unabhängig von dem eingesetzten Werkzeug schwellen alle Polymere beim Durchströmen einer Düse an [20, 89, 90]. Kautschuke zeigen deutlich den Effekt der Strangaufweitung [20]. In Abhängigkeit der Viskosität zeigen Silikonkautschuke nach Verlassen der Düse eine unterschiedlich stark ausgeprägte Strangaufweitung: niedrig-viskose Typen mit geringer Shore-Härte bzw. Füllstoffanteil quellen stärker als hoch-viskose, härtere Kautschuke [7, 19] (vgl. auch Kapitel 5.3.2.). Nach Michaeli [17] haben konvergente Kanalbereiche einen verstärkenden Effekt auf die Strangaufweitung, wohingegen parallele Bereich – sogenannte Bügelzonen – zu einem Abbau der reversiblen elastischen Deformationen der Polymerschmelze, welche als Ursache für den Effekt der Strangaufweitung gelten, führen. Ein vermehrter Druckverbrauch durch den Einsatz langer Düsen geht mit einer reduzierten Extrusionsgeschwindigkeit einher [24]: Ein Zielkonflikt entsteht zwischen begrenzter Extrusionsgeschwindigkeit zusammen mit massivem Materialrückstau (durch den Einsatz von Bügelzonen) und vermehrter Strangaufweitung [24]. Anpassungen der Geometrie finden in der Regel durch Veränderung des Einlaufwinkels und/oder einer Veränderung des Längen- zu Durchmesser-Verhältnisses statt [88, 194]. Für die Extrusion von Silikonkautschuk findet sich in der industriellen Anwendung nach Tylor [24] oftmals ein L/D-Verhältnis von 1:1.

Viele Untersuchungen im Bereich der Charakterisierung des rheologischen Verhaltens von Polymeren wurden mit Hilfe von Hochdruck-Kapillarrheometern durchgeführt [18, 101, 102, 116, 127, 195]. Versuche an realen Extrusionsanlagen sind in der Literatur kaum zu finden. Nach Herschbach [127] gibt es zahlreiche Beschreibungen zum Schwellverhalten von Polymeren, welche allerdings auf lange Düsen anwendbar und somit für viele reale Extrusionsbedingungen nur bedingt überführbar und somit geeignet sind.

Es gibt zudem wenig Literatur zur Auslegung von Extrusionswerkzeugen am Beispiel realer Extrusionsprozesse. Die grundlegenden Überlegungen im Bereich der Elastomerwerkzeuge nach [17, 25] beziehen sich auf organische Kautschuke und wurden bisher noch nicht auf den Werkstoff Silikonkautschuk angewendet. Das Wissen der Werkzeugauslegung liegt vorrangig in der Industrie.

8.2. Wissenschaftliche Fragestellungen

- *Welchen Einfluss hat die Werkzeuggeometrie auf den realen Extrusionsprozess im Hinblick auf die Druck-Durchsatz-Charakteristik und die mittlere Verweilzeit des Materials im Extruder?*
- *Welchen Einfluss haben Werkzeuge mit verschiedenen Geometrien auf die Strangaufweitung ausgewählter Festsilikonkautschuke am Beispiel des realen Extrusionsprozesses?*
- *Wie können Fließinstabilitäten durch die Werkzeuggestaltung beeinflusst werden?*

8.3. Die Auswirkung verschiedener Werkzeuggeometrien auf den realen Verarbeitungsprozess

Werkzeuge wirken sich primär auf die Ausgestaltung der Extrudatgeometrie aus. Sie zeigen darüber hinaus Auswirkungen auf den Extrusionsprozess, da sie zum Beispiel den Gegendruck oder die Verweilzeit des Materials im Extruder beeinflussen [24]. Aufgrund dessen soll im Folgenden der Einfluss von Blendenwerkzeugen mit verschiedenen L/D-Verhältnissen auf den Extrusionsprozess identifiziert und analysiert werden. Die nachfolgenden Untersuchungen beziehen sich auf die Extrusion eines rotationssymmetrischen Vollprofils mit verschiedenen Außendurchmessern und untergliedern sich in zwei Untersuchungsreihen: Zum einen wird bei konstantem Düsendurchmesser (und konstantem D_R/D_K-Verhältnis) die Düsenlänge von 3 bis 30 mm variiert und zum anderen werden bei konstantem L/D-Verhältnis der Düsendurchmesser und somit auch das D_R/D_K-Verhältnis variiert.

8.3.1. Druck-Durchsatz-Charakteristik in Abhängigkeit verschiedener Werkzeuggeometrien

Pulsationen, d.h. schwankende Masse- und daraus folgend schwankende Werkzeugdrücke über der Zeit, führen zu inhomogener Geschwindigkeitsverteilung im Extrusionswerkzeug und zu schwankenden geometrischen Abmaßen des Extrudates [9, 25]. Pulsationen entstehen durch Fütterschwankungen oder Inhomogenitäten im Material [9, 105]. Vor der Bewertung der Druck-Durchsatz-Charakteristik wurde die Prozessstabilität aller hergestellten Chargen mit Hilfe der Formel 8-1 berechnet. Je kleiner der prozentuale Wert, desto stabiler ist der Prozess im Hinblick auf den Massedruck.

$$Prozessstabilität\ [\%] = \frac{Standardabweichung\ des\ Massedruckes}{mittlerer\ Massedruck} * 100 \qquad 8\text{-}1$$

Die Ergebnisse der Prozessstabilität sind in Abbildung 65 für die Materialien Elastosil 401-30 und Silplus 60EX dargestellt. Die Boxplot-Diagramme zeigen die Prozessstabilität von verschiedenen Werkzeuggeometrien. Bei konstanter Werkzeuggeometrie wurde die Schneckendrehzahl variiert (10 bis 70 U/min) und die Prozessstabilität über alle Schneckendrehzahlen hinweg berechnet. Über alle Werkzeuge hinweg liegt der Mittelwert der Prozessstabilität unter 1,5 %, das heißt, die Betriebspunkte werden reproduzierbar angefahren. Bei der Versuchsreihe mit konstantem Durchmesser und zunehmender

Düsenlänge (Abbildung 65, links) wird ersichtlich, dass mit kleiner werdender Düsenlänge die Prozessstabilität leicht abnimmt. Ein konstantes L/D-Verhältnis mit steigendem Durchmesser (Abbildung 65, rechts) zeigt den gleichen Trend.

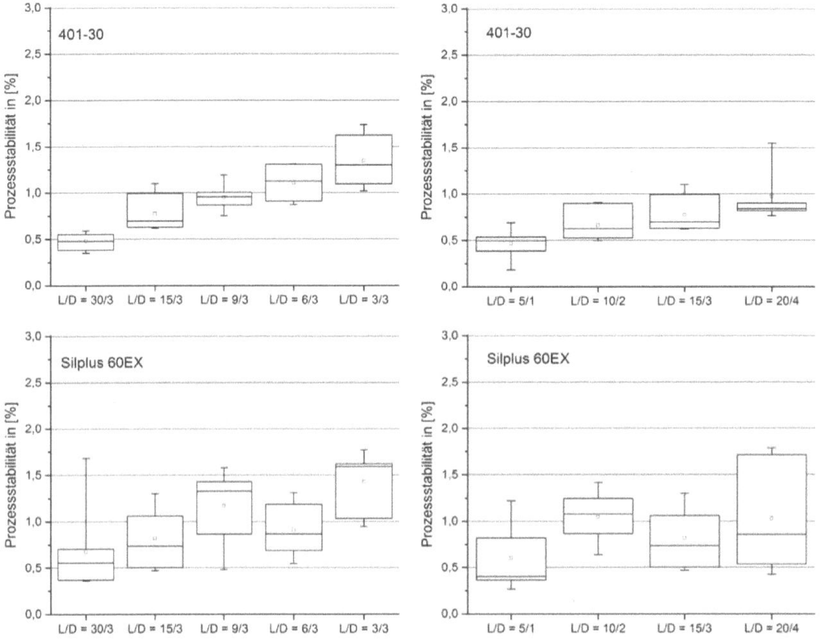

Abbildung 65: Prozessstabilität verschiedener Festsilikonkautschuke über alle Schneckendrehzahlen und Werkzeuggeometrien

Abbildung 66 zeigt die Druck-Durchsatz-Charakteristik des Extruders in Abhängigkeit verschiedener Werkzeuge und Festsilikonkautschuke. Die durchgezogenen Linien stellen die sog. Werkzeugkennlinien und die gestrichelten Linien die Extruderkennlinien dar [105, 130, 158]. Je fördersteifer ein Extruder, d.h. der Druckaufbau ist weitestgehend unabhängig vom Werkzeug und resultierendem Gegendruck, desto paralleler verlaufen die Werkzeugkennlinien zur Abszisse [130, 158]. Es wird deutlich, dass das Förderverhalten hier gegendruckabhängig ist. Mit steigender Viskosität (bzw. Shore-Härte und Grünfestigkeit) des Kautschuks wird weniger Material bei gleicher Schneckendrehzahl gefördert – analog zu [24].

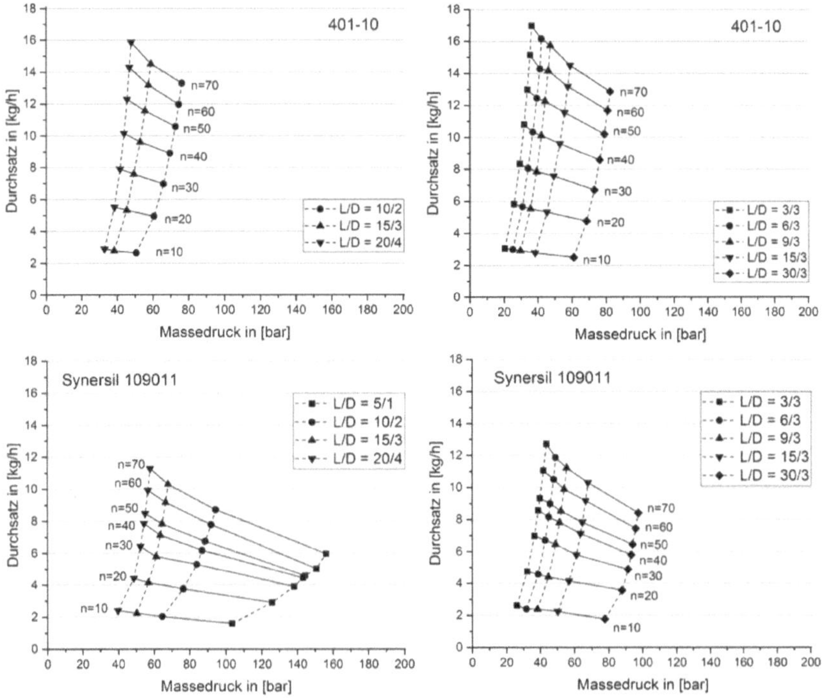

Abbildung 66: Druck-Durchsatz-Kennlinien von Elastosil 401-10 und Synersil 109011

Der Durchsatz nimmt mit zunehmender Shore-Härte (bei gleicher Schneckendrehzahl) aufgrund der steigenden Viskosität (bzw. Grünfestigkeit) ab [24, 106]. Auffällig ist zudem, dass Elastosil 401-60 Unstetigkeiten in der Druck-Durchsatz-Charakteristik bei Werkzeugen mit kleinen Durchmessern (5/1 und 10/2) zeigt – siehe Abbildung 66. Innerhalb der einzelnen Chargen ist die Standardabweichung in Bezug auf den Massedruck über alle Materialien hinweg vernachlässigbar klein.

Die hohe Steigung der Werkzeugkennlinien zeigt zudem, dass der Einfluss der Schneckendrehzahl auf den Massedruck bei niedrig-viskosen Materialien geringer im Vergleich zu hoch-viskosen Silikonkautschuken ist. Das Elastosil 401-10 mit dem Werkzeug 5/1 konnte aufgrund des hohen Massedruckes nicht ohne Beschädigungen des Werkzeuges hergestellt werden.

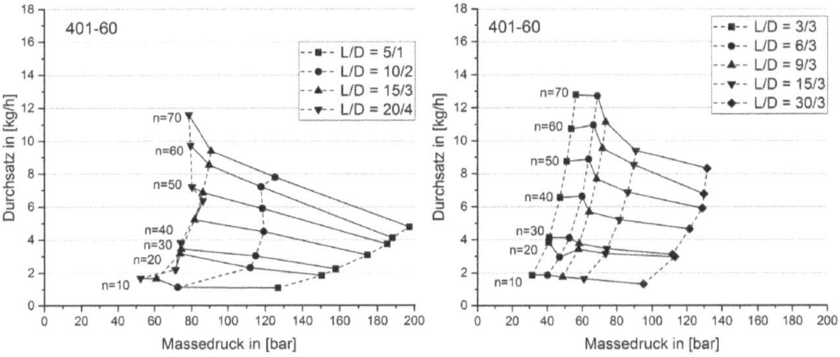

Abbildung 67: Druck-Durchsatz-Kennlinien von Elastosil 401-60 in Abhängigkeit verschiedener Werkzeuggeometrien

Über alle Materialien hinweg wird deutlich, dass mit abnehmendem Werkzeugdurchmesser der Massedruck steigt. Mit steigender Werkzeuglänge (und gleichem Durchmesser) steigt der Massedruck aufgrund des zunehmenden Werkzeuggegendruckes [17, 196]. Die Extruderkennlinien zeigen bei Elastosil 401-10 und Synersil 109011 einen hohen linearen Zusammenhang. Das Bestimmtheitsmaß pro Schneckendrehzahl-Stufe liegt bei >97 %. Das Elastosil 401-60 zeigt diesen Trend grundsätzlich, jedoch mit deutlich größeren Abweichungen.

Wie bereits in Kapitel 2.5.1 beschrieben, ist die elementare Funktion der Extrusion nach Lehnen [26], einen möglichst großen Durchsatz bei gleichzeitig hoher Extrudatqualität zu erzielen. Unabhängig von der Extrudatqualität erreichen kurze Werkzeuglängen deutlich höhere Durchsätze aufgrund des geringeren (Werkzeug-)Gegendruckes [74]. Niedrigviskosere Materialien zeigen bei gleichen Prozessparametern (und gleicher Schneckengeometrie) höhere Durchsätze im Vergleich zu hoch-viskosen Mischungen [106]. Abbildung 68 verdeutlicht diesen Umstand: Das Material Elastosil 401-80 mit einer Shore-Härte von 80 Shore A (siehe Tabelle 2) zeigt einen deutlich geringeren Durchsatz bei gleichen Schneckendrehzahlen. Zudem findet bei den kurzen L/D-Verhältnissen (bis 9/3) ein Unterfüttern mit damit verbundenem Druckabfall bereits ab 40 U/min statt. Aufgrund der hohen Viskosität des Materials fördert die vorhandene Schnecke im Einzugsbereich keine ausreichende Menge an Material. Es bildet sich nicht der typische „Knet" im Einzugsbereich und der Massedruck ist instabil. Bei größeren L/D-Verhältnissen und steigendem Gegendruck können höhere Schneckendrehzahlen (mit konstanten Druckverhältnissen) realisiert werden - im Vergleich zu den restlichen Materialien jedoch ebenfalls eingeschränkt. Das heißt, bei hoch-viskoseren Mischungen muss die Schneckengeometrie angepasst werden, um die Materialförderung zu verbessern und ein Unterfüttern zu vermeiden. Der Einfluss der Schneckengestaltung auf das Förderverhalten ist nach Limper [25] größer im Vergleich zum Materialverhalten oder den Prozessparametern. Nach [6, 158] eignen sich tiefgeschnittene Schnecken, um den Durchsatz zu erhöhen.

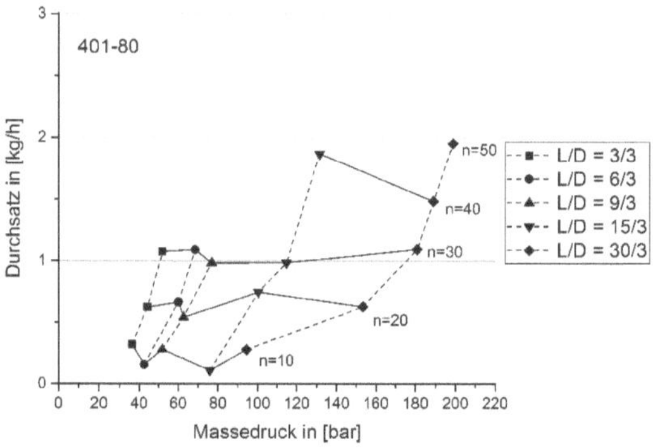

Abbildung 68: Druck-Durchsatz-Charakteristik bei zunehmender Düsenlänge und konstantem Durchmesser für das Elastosil 401-80

Die spezifische Volumenfließrate stellt das spezifische Volumen pro Schneckenumdrehung dar und zeigt den spezifischen Durchsatz dichteunabhängig. Die Ergebnisse für verschiedene Werkzeuge und Materialien sind in Abbildung 69 dargestellt. Das Elastosil 401-10 und das Synersil 109011 zeigen deutlich, dass mit steigender Drehzahl die Volumenförderrate pro Umdrehung abnimmt. Der Gesamtdurchsatz nimmt jedoch mit steigender Schneckendrehzahl zu (vgl. Abbildung 66).

Bei gleichem L/D-Verhältnis und kleinerem Werkzeugdurchmesser nimmt aufgrund des abnehmenden Werkzeuggegendrucks das spezifische Volumen pro Umdrehung zu. Bei gleichem Durchmesser und zunehmender Werkzeuglänge nimmt die Volumenfließrate aufgrund des wiederum steigenden Gegendrucks ab. Ein nahezu linearer Zusammenhang ist hier zu erkennen. Das Elastosil 401-60 zeigt ein differenziertes Bild: Bis zu einer Schneckendrehzahl von 30 U/min sinkt die spezifische Volumenfließrate. Danach nimmt sie mit zunehmender Schneckendrehzahl ebenfalls zu – Ausnahme bildet das Werkzeug 5/1. Die

Volumenfließrate bleibt nahezu konstant. Dies lässt den Schluss zu, dass die Schnecke aufgrund des hochviskosen Materials nicht vollständig gefüllt ist [197]. Aufgrund der gemessenen Massedrücke ist dies jedoch nicht zu erwarten. Weitere Versuche sind hier notwendig, um diesen Umstand detaillierter zu untersuchen. Sogenannte „Dead-Stop“-Versuche mit anschließendem Ziehen der (gefüllten) Schnecke wären zum Beispiel sinnvoll.

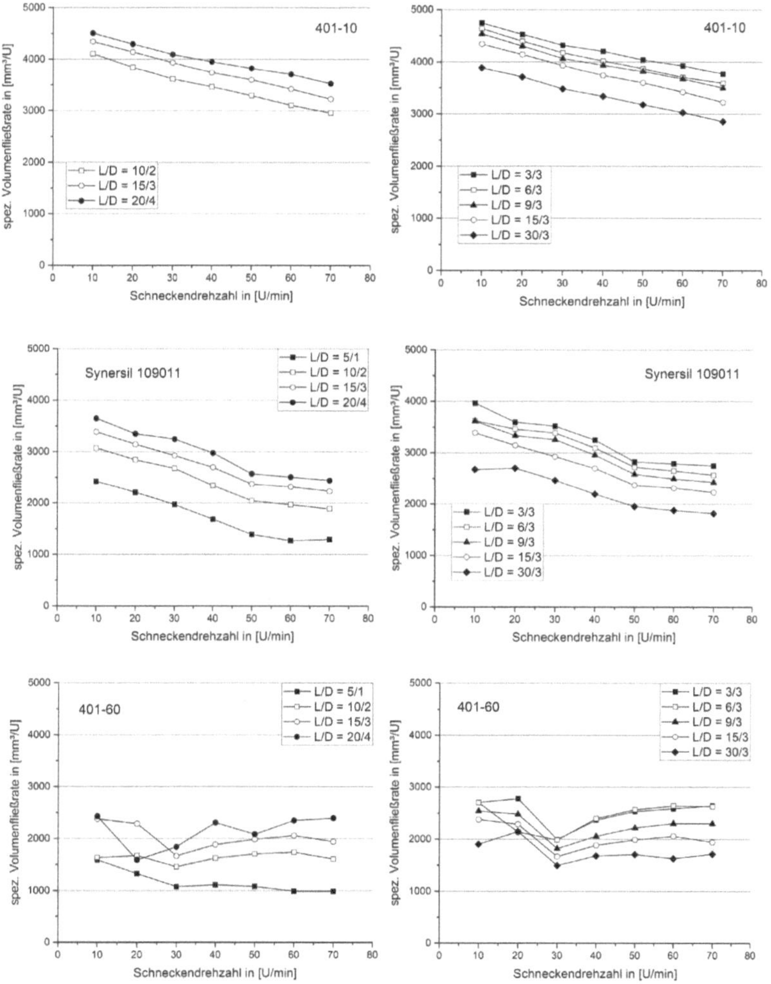

Abbildung 69: Spezifisches Volumen pro Schneckenumdrehung in Abhängigkeit verschiedener Werkzeuggeometrien und Festsilikonkautschuke.

8.3.2. Verweilzeit und Massetemperatur zur Abschätzung des Scorch-Risikos

Die mittlere Verweilzeit stellt vor allem bei der Extrusion einen wichtigen Faktor dar. Im Bereich der Thermoplast-Extrusion soll eine thermische Schädigung des Materials durch zu hohe Temperaturen in Kombination mit langen Verweilzeiten vermieden werden [198]. In der Elastomerextrusion darf das zu verarbeitende Material nicht im Extruder anvulkanisieren [79, 91].

Aus diesem Grund wurde beispielhaft für das Material Elastosil 401-60 die mittlere Verweilzeit mit Hilfe von Farbtests ermittelt. Hierzu wurde dem Silikonkautschuk ein Farbmasterbatch hinzugegeben und die Zeit vom Erfassen des Materials durch die Schnecke bis zum Austritt aus dem Werkzeug gemessen [85]. Die mittlere Verweilzeit (siehe Abbildung 70) folgt in umgekehrter Logik dem Trend des Durchsatzes. Je geringer der Durchsatz, desto höher ist die mittlere Verweilzeit im Extruder [6, 25]. Mit steigendem Werkzeugdurchmesser (Abbildung 70 links) nimmt die Verweilzeit ab. Die Ergebnisse von den Durchmessern 3mm und 4mm zeigen nahezu identische Werte. Mit steigender Werkzeuglänge nimmt die Verweilzeit aufgrund des zunehmenden Werkzeuggegendruckes zu. Über alle Werkzeuge hinweg bewegt sich die Verweilzeit bei einer Schneckendrehzahl von 10 U/min bei max. 600 s und bei 70 U/min bei ca. 100 s, wobei die Standardabweichung im Mittel bei 1,5 % liegt.

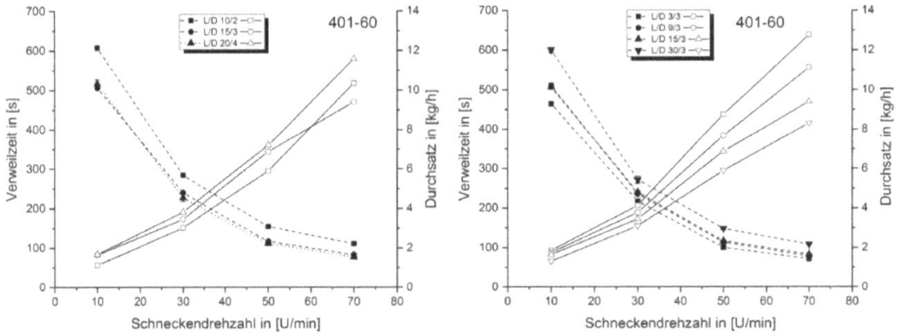

Abbildung 70: Verweilzeit und Ausstoß über der Schneckendrehzahl von Elastosil 401-60

Eine fundierte Abschätzung der Scorch-Gefahr kann nicht nur über die Verweilzeit erfolgen, sondern muss immer in Kombination mit der entsprechenden Massetemperatur stattfinden. Aus diesem Grund wurden die Massetemperaturen nach Austritt aus dem Werkzeug mit Hilfe einer IR-Kamera erfasst und ausgewertet (siehe Abbildung 71).

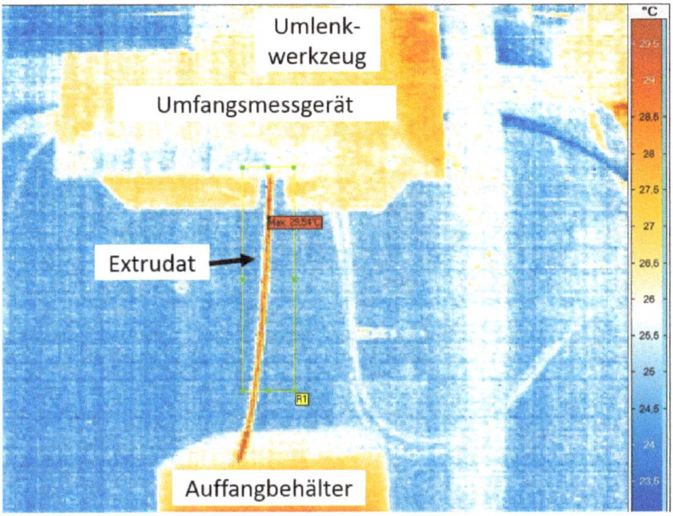

Abbildung 71: Thermogramm eines Polymerstranges zur Analyse der Materialaustritts-temperatur

Beispielhaft sind in Abbildung 72 die Ergebnisse für ein kurzes Werkzeug (L/D-Verhältnis von 1 - links) und ein Werkzeug mit dem größten L/D-Verhältnis von 10 (rechts) aufgetragen. Bei allen Versuchen wurde die Kühl- und Schneckentemperatur konstant gehalten (20°C). Mit zunehmender Schneckendrehzahl nimmt die Massetemperatur über alle Materialien und Werkzeuge, aufgrund der dissipativen Erwärmung durch die Schnecke, zu [7, 41, 120]. Die aktive Kühlung von Zylinder und Schnecke sorgt dafür, dass trotz hoher Drehzahl und langer Verweilzeit des Kautschuks im Zylinder die Massetemperatur nicht über ca. 36°C steigt. Ein hoher Durchsatz hat eine kurze Verweilzeit zur Folge und ein geringes Ansteigen der Massetemperatur [25].

Auf Basis der hier ermittelten Werte für die mittlere Verweilzeit und maximal auftretende Massetemperatur in Kombination mit den Ergebnissen aus Kapitel 6.3 (siehe Tabelle 11) ist das Risiko einer Anvulkanisation des Festsilikonkautschuks (mit den hier verwendeten Vernetzungssystemen) im Extruder bzw. Werkzeug mit angeschalteter Kühlung vernachlässigbar. Die Prozessführung bei der Extrusion mit Hilfe einer vertikalen Laborextrusionslinie ist in Abbildung 54 dargestellt. Der IR-Tunnel ist direkt unter dem Extrusionskopf platziert und erhitzt neben dem Extrudat die im Tunnel befindliche Luft. Diese steigt auf und erwärmt den Extrusionskopf inkl. Werkzeug zusätzlich. Dieser Umstand bleibt hier unberücksichtigt.

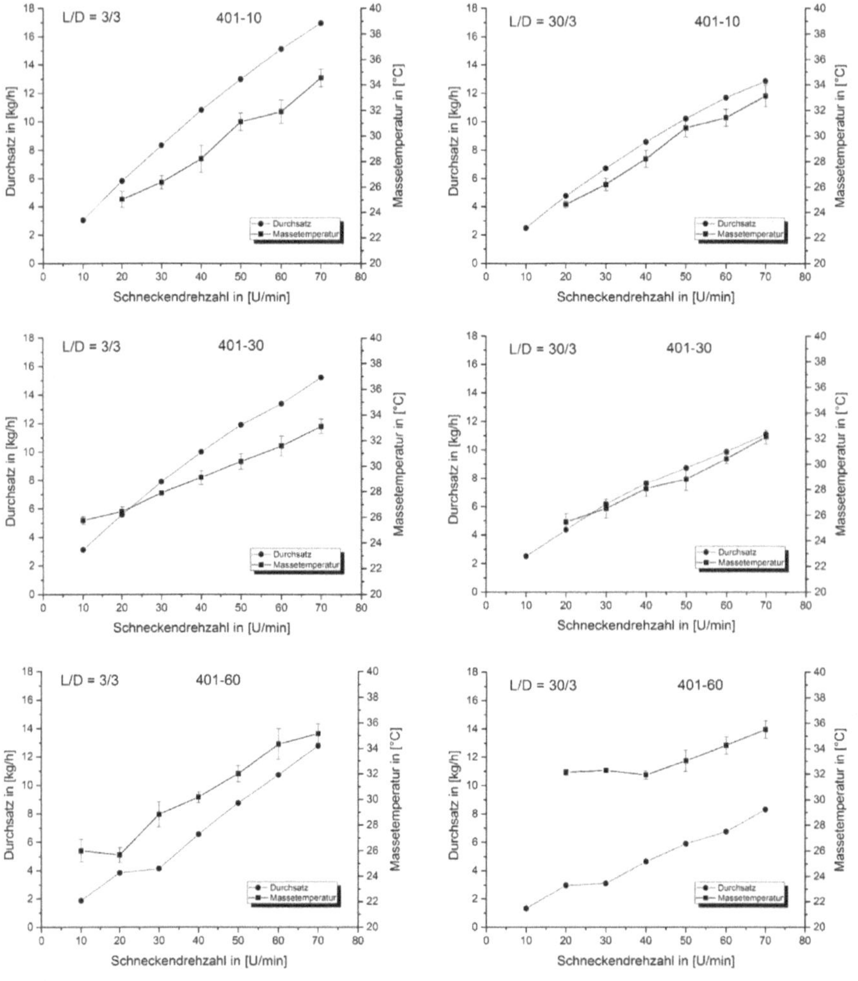

Abbildung 72: Durchsatz und Massetemperatur in Abhängigkeit der Schneckendrehzahl und Werkzeuggeometrie für verschiedene Festsilikonkautschuke

8.4. Einfluss verschiedener Werkzeuggeometrien auf die geometrischen Abmaße

Die Auswirkungen verschiedener Werkzeuggeometrien auf den Extrusionsprozess wurden im vorherigen Kapitel aufgezeigt. Nachfolgend wird der Einfluss der verwendeten

Blendenwerkzeuge auf die geometrischen Abmaße und ggf. auftretende Fließinstabilitäten am Beispiel realer Extrusionsprozesse untersucht.

8.4.1. Die Detektion von Wandgleiteffekten im realen Extrusionsprozess

Analog zur Vorgehensweise in Kapitel 5.3.2 wurden am realen Extrusionsprozess die Fließkurven verschiedener Werkzeuge mit gleichem L/D-Verhältnis für verschiedene Festsilikonkautschuke dargestellt. Außer beim Elastosil 401-30 liegen die Graphen nahezu übereinander, was analog zu [9, 22] gegen das Auftreten von Wandgleiteffekten spricht. Im Gegensatz zu Abbildung 26 liegen die hier ermittelten Schubspannungen deutlich über den Werten aus Kapitel 5.3.2. Die Ergebnisse zeigen, analog zu den Schlussfolgerungen von Brockhaus [9], eine Druckabhängigkeit des Wandgleitens und untermauern die Theorie der coulombschen Reibung.

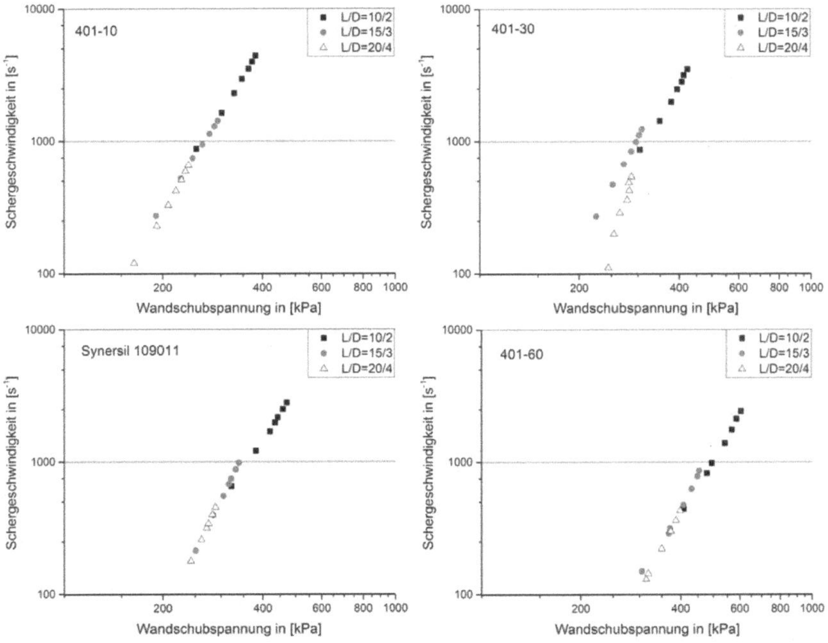

Abbildung 73: Interpretation der Fließkurven zur Identifikation von Wandgleiteffekten am realen Extrusionsprozess

Für die zweite Versuchsreihe mit konstantem Düsendurchmesser und zunehmender Düsenlänge kann diese Form der Auswertung nicht erfolgen, da das L/D-Verhältnis variiert. Aufgrund der hohen Massedrücke liegen die resultierenden Schubspannungen über dem dargestellten Schubspannungsbereich in Abbildung 73. Ausnahme bildet hierbei das längste Werkzeug (L/D = 30/3). Aufgrund des hohen Druckverbrauches werden Schubspannungen erzielt, welche, in Abhängigkeit des eingesetzten Materials, <200 kPa betragen. Nach Abbildung 26 treten hier Wandgleiteffekte auf. Schramm [59] stellte fest, dass der Druck zum Düsenende hin abnimmt und aufgrund dessen Wandgleiteffekte zunehmen.

8.4.2. Der Effekt ausgewählter L/D-Verhältnisse auf die geometrischen Abmaße des Extrudates

Auf Basis der in Kapitel 5.3.3 ermittelten Relaxationszeiten wurden die Deborah-Zahlen berechnet. Die Einlaufdruckverluste wurden mit Hilfe der Bagley-Korrektur ermittelt. Auf Basis dieser Druckverluste wurde die Dehnviskosität anhand der Methode von Cogswell berechnet. Der Einfluss dieser Faktoren wird in Bezug auf die Strangaufweitung analysiert.

Ermittlung der Deborah-Zahlen

Die Tabelle 12 zeigt die Deborah-Zahlen verschiedener Festsilikonkautschuke bei zunehmender Düsenlänge, konstantem Durchmesser und konstantem Verhältnis von D_R/D_K. Mit steigender Schneckendrehzahl und daraus resultierend zunehmender Schergeschwindigkeit nimmt die Deborah-Zahl aufgrund der abnehmenden Verweilzeit in der Düse zu. Mit größerer Düsenlänge nimmt der Massedruck zu, der Durchsatz sinkt und die Verweilzeit in der Düse steigt. Kleinere Deborah-Zahlen sind die Folge. Alle hier aufgezeigten Deborah-Zahlen sind deutlich über 1, d.h., das Verhalten der Materialien ähnelt einem elastischen Festkörper [97, 140 bis 142].

Tabelle 12: Deborah-Zahlen für verschiedene Festsilikonkautschuke bei zunehmender Düsenlänge, konstantem Durchmesser und konstantem Verhältnis von D_R/D_K

L/D = 3/3					
Schneckendrehzahl	401-10	401-30	Synersil 109011	401-60	401-80
[U/min]	[-]	[-]	[-]	[-]	[-]
10	575	572	1864	854	346
20	1097	1023	3383	1757	674
30	1570	1448	4966	1892	1158
40	2038	1836	6111	2998	
50	2446	2184	6648	4005	
60	2853	2457	7876	4911	
70	3198	2794	9055	5850	

L/D = 30/3					
Schneckendrehzahl	401-10	401-30	Synersil 109011	401-60	401-80
[U/min]	[-]	[-]	[-]	[-]	[-]
10	47	46	126	60	30
20	90	80	254	136	68
30	126	113	348	142	118
40	162	140	413	213	160
50	192	160	459	270	210
60	220	181	530	309	
70	242	204	599	380	

In Tabelle 13 sind die Deborah-Zahlen für das Elastosil 401-10 bei zunehmender Düsenlänge in Abhängigkeit der Schneckendrehzahlen dargestellt. In blau wird der verbleibende prozentuale Anteil in Bezug auf die kürzeste Düsenlänge gesetzt. Die größte Reduzierung der Deborah-Zahl findet bei einer Verdopplung der Düsenlänge (von 3 auf 6 mm) statt – hier verringern sich die Deborah-Zahlen unabhängig von der Schneckendrehzahl um 52 %. Mit weiterer Zunahme der Düsenlänge wird die Deborah-Zahl kleiner, bis max. 92 % des Ausgangswertes.

In grün ist die Abnahme der Deborah-Zahl unabhängig von der Schneckendrehzahl für alle untersuchten Materialien aufgezeigt. Anhand der geringen Standardabweichungen wird deutlich, dass die Erhöhung der Düsenlänge materialübergreifend einen vergleichbaren Einfluss auf die Deborah-Zahl besitzt.

Zusammenfassend haben geringe L/D-Verhältnisse einen größeren Effekt auf die Deborah-Zahl im Vergleich zu großen L/D-Verhältnissen.

Tabelle 13: Deborah-Zahlen für das Elastosil 401-10 bei zunehmender Düsenlänge

401-10					
Schneckendrehzahl	L/D = 3/3	6/3	9/3	15/3	30/3
[U/min]	[-]	[-]	[-]	[-]	[-]
10	575	281	183	105	47
20	1097	533	348	201	90
30	1570	759	493	286	126
40	2038	974	636	362	162
50	2446	1173	771	436	192
60	2853	1345	890	497	220
70	3198	1523	988	547	242
[%]	0,0	52,0	68,6	82,2	92,1
[%]	0,0	0,6	0,3	0,4	0,2
alle untersuchten Materialien					
[%]	0,00	53,17	69,34	83,06	92,19
[%]	0,00	2,33	0,93	0,74	1,10

Tabelle 14 zeigt die Deborah-Zahlen verschiedener Festsilikonkautschuke bei zunehmendem Düsendurchmesser und abnehmendem D_R/D_K-Verhältnis, sowie konstantem L/D-Verhältnis. Mit steigender Schneckendrehzahl nimmt wiederum die Deborah-Zahl bei allen Materialien aufgrund der geringer werdenden Verweilzeit in der Düse ab. Es wird deutlich, dass mit zunehmendem Düsendurchmesser die Deborah-Zahlen signifikant abnehmen. Dies lässt sich auf den erhöhten Durchsatz bei geringerem Massedruck zurückführen. Eine geringere Verweilzeit in der Düse ist die Folge. Auch hier verhalten sich alle Materialien ähnlich einem elastischen Festkörper, da die Deborah-Zahlen deutlich über 1 liegen [97, 140 bis 142].

Tabelle 14: Deborah-Zahlen für verschiedene Festsilikonkautschuke bei zunehmendem Durchmesser, abnehmendem Verhältnis von D_R/D_K sowie konstantem L/D-Verhältnis

L/D = 10/2					
Schneckendrehzahl	401-10	401-30	Synersil 109011	401-60	401-80
[U/min]	[-]	[-]	[-]	[-]	[-]
10	336	333	976	445	158
20	629	548	1806	823	403
30	886	764	2550	983	640
40	1132	948	2973	1391	1027
50	1346	1082	3245	1769	1057
60	1522	1211	3745	2133	1399
70	1692	1344	4196	2437	

L/D = 20/4					
Schneckendrehzahl	401-10	401-30	Synersil 109011	401-60	401-80
[U/min]	[-]	[-]	[-]	[-]	[-]
10	46	43	145	65	22
20	88	76	266	131	60
30	125	110	386	145	104
40	161	138	472	222	
50	195	163	510	300	
60	227	187	597	364	
70	252	206	678	431	

Ermittlung der Einlaufdruckverluste mit Hilfe des Bagley-Plots

Die nachfolgenden Untersuchungen wurden bei konstantem D_R/D_K-Verhältnis (Durchmesser Materialreservoir 75 mm/ Durchmesser Kapillare 3 mm = 25) und konstantem Düsendurchmesser (3 mm) durchgeführt. Die Länge der Düse wurde variiert, um den Einlaufdruckverlust mit Hilfe der Bagley-Korrektur am realen Extrusionsprozess zu ermitteln. Abbildung 74 zeigt den Bagley-Plot für das Elastosil 401-10 bzw. Synersil 109011 in Abhängigkeit verschiedener Düsenlängen und Schneckendrehzahlen. Die Linearität liegt bei allen Schneckendrehzahlen bei über 99 %. Der Schnittpunkt der Geraden mit der Ordinate (y=m*x+**b**) gibt den Wert für den Einlaufdruckverlust an. Mit steigender Schneckendrehzahl und damit verbunden zunehmender Schergeschwindigkeit nimmt der Einlaufdruckverlust zu. Der Massedruck nimmt mit steigender Schergeschwindigkeit und zunehmender Düsenlänge aufgrund des erhöhten Werkzeuggegendruckes zu. Der Bagley-Plot für das Synersil 109011 zeigt, dass der Massedruck sich aufgrund der höheren Viskosität im Vergleich zum Elastosil 401-10 auf einem höheren Niveau befindet. Darüber hinaus zeigt der Graph den gleichen Trend.

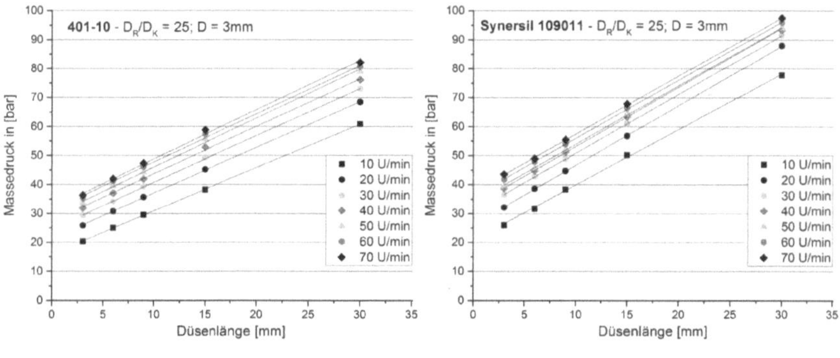

Abbildung 74: Bagley-Plot von Elastosil 401-10 und Synersil 109011 zur Bestimmung des Einlaufdruckverlustes in Abhängigkeit verschiedener Düsenlängen und Schneckendrehzahl

Um die untersuchten Materialien vergleichen zu können, wurde der prozentuale Anteil des ermittelten Einlaufdruckverlustes am Massedruck berechnet und in Abbildung 75 für alle hier untersuchten Materialien zusammengefasst. Mit steigender Düsenlänge nimmt der prozentuale Anteil des Einlaufdruckverlustes am Massedruck kontinuierlich ab. Bei einer Schneckendrehzahl von 10 U/min variiert der Anteil von 25 % (bei 30 mm Düsenlänge) bis zu 80 % bei (3 mm Düsenlänge). Bis zu einer Schneckendrehzahl von 60 U/min nimmt der prozentuale Anteil nahezu linear zu und fällt bei 70 U/min leicht ab. Die Darstellung der Standardabweichungen macht deutlich, dass ein materialunabhängiger Zusammenhang besteht. Fattmann [22] stellte fest, dass mit kleiner werdendem L/D-Verhältnis der Anteil des Einlaufdruckverlustes am Gesamtdruckverlust größer wird. Das heißt, bei kurzen Düsen hat der Einlaufdruckverlust großen Einfluss [132].

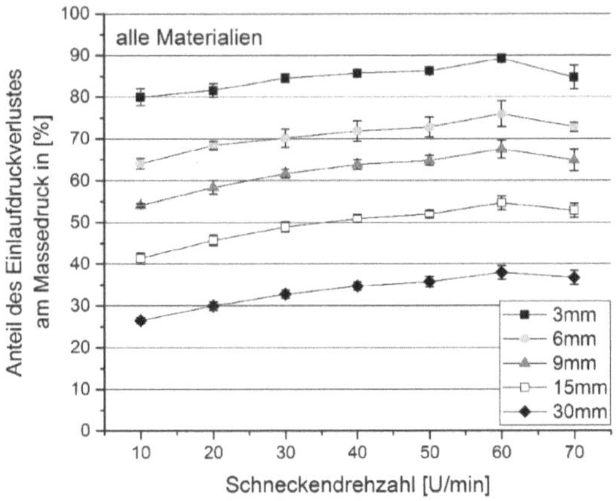

Abbildung 75: prozentualer Anteil des Einlaufdruckverlustes am Massedruck für alle untersuchten Materialien in Abhängigkeit der Düsenlänge (3 bis 30 mm)

Dehnviskositäten auf Basis der ermittelten Einlaufdruckverluste

Auf Basis der Einlaufdruckverluste wurden mit Hilfe von Cogswell die Dehnviskositäten bestimmt. Die Dehnviskosität verhält sich bei doppellogarithmischer Darstellung linear und lässt sich mit Hilfe des Potenzansatzes beschreiben (vgl. Abbildung 32). Die Abbildung 76 zeigt die Dehnviskosität am Beispiel von Elastosil 401-10 und Elastosil 401-60 bei verschiedenen Düsenlängen. Mit zunehmender Düsenlänge nimmt die resultierende Schubspannung ab. Als Folge dessen erhöht sich die Dehnviskosität. Mit zunehmender Schneckendrehzahl und resultierender Schergeschwindigkeit und Schubspannung nimmt die Dehnviskosität deutlich ab [101]. Die Dehnviskosität von Elastosil 401-60 ist im Vergleich zum Elastosil 401-10 auf einem höheren Niveau – analog zu den Ergebnissen aus Kapitel 5.3.3.

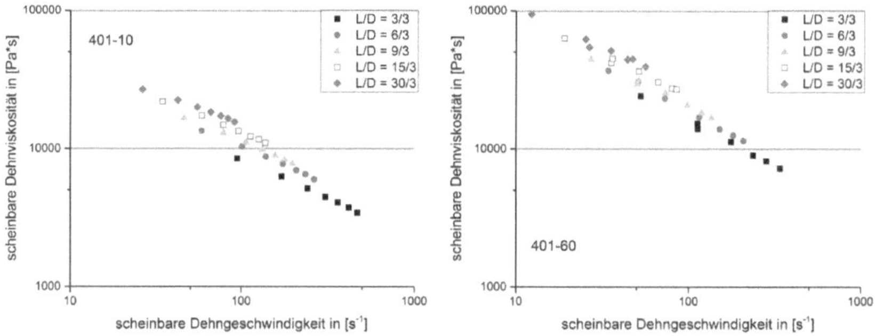

Abbildung 76: scheinbare Dehnviskositäten verschiedener Festsilikonkautschuke in Abhängigkeit der Düsenlänge

Die nachfolgende Abbildung 79 zeigt die scheinbare Dehnviskosität verschiedener Festsilikonkautschuke bei konstanter Düsengeometrie. Die Dehnviskosität nimmt mit steigender Scherviskosität aufgrund des erhöhten Füllstoffgehaltes [10] zu.

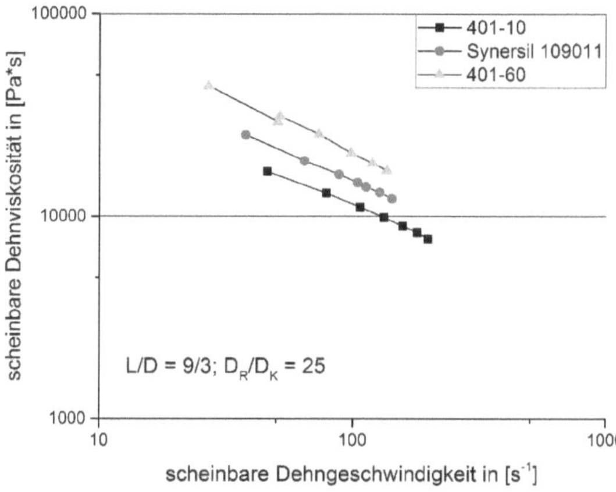

Abbildung 77: scheinbare Dehnviskositäten verschiedener Festsilikonkautschuke bei konstanter Düsenlänge

Die rechnerische Ermittlung des Einlaufdruckverlustes

Die rechnerische Ermittlung des Einlaufdruckverlustes findet wie in Kapitel 5.3.3 auf Basis der Formeln 5-8 und 5-9 statt. Die Parameter des Potenzansatzes der Scherviskositätsfunktion wurden auf Basis der resultierenden Volumenströme und Massedrücke ermittelt [121]. Die Fließkurve zweier Festsilikonkautschuke in Abhängigkeit der Düsenlänge ist in Abbildung 78 dargestellt. Alle Materialien zeigen strukturviskoses Verhalten und lassen sich mit dem Potenzansatz beschreiben – analog zu Kapitel 5.3.1. Mit zunehmender Düsenlänge nimmt die Schubspannung ab. Als Folge dessen nimmt die Scherviskosität ab.

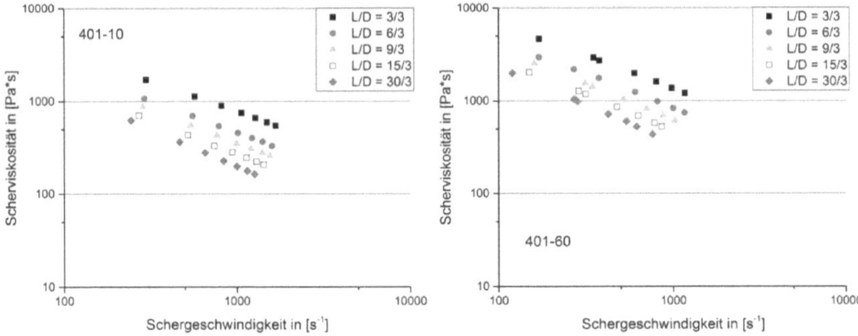

Abbildung 78: scheinbare Scherviskositäten am realen Extrusionsprozess für Elastosil 401-10 und Elastosil 401-60

Die nach der Methode I von Limper (Formel 5-8) berechneten Einlaufdruckverluste sind mit den Druckverlusten nach der Bagley-Methode identisch. Die Methode II (Formel 5-9) liefert Werte mit hoher Übersteinstimmung – die Differenzen liegen hier bei allen Materialen unter 5 %.

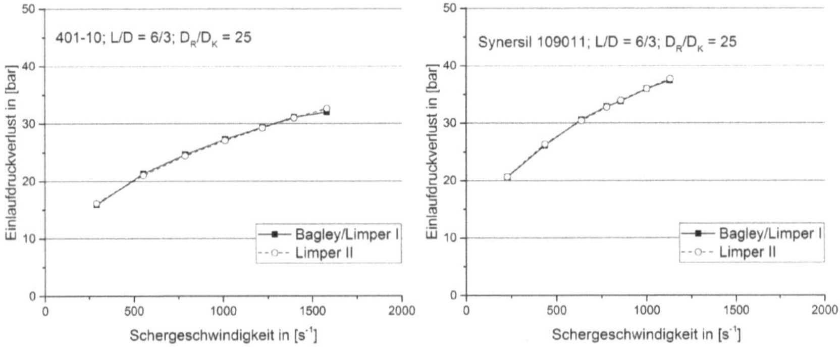

Abbildung 79: Vergleich zwischen ermittelten und berechneten Einlaufdruckverlusten für Elastosil 401-10 und Synersil 109011

Die Strangaufweitung von Festsilikonkautschuk im realen Prozess

Die nachfolgenden Ergebnisse zeigen die Strangaufweitung am realen Extrusionsprozess in Abhängigkeit der Düsenlänge bei konstantem Düsendurchmesser und konstantem D_R/D_K-Verhältnis (siehe Abbildung 80).

Mit zunehmender Schneckendrehzahl und resultierender Schergeschwindigkeit nimmt die Strangaufweitung über alle Materialien hinweg, aufgrund der Zunahme an gespeicherter elastischer Energie, zu [54, 128, 129, 132, 169]. Auch bei einer Düsenlänge von 30mm zeigen alle Materialien eine Aufweitung des Polymerstranges, da das Material nicht vollständig relaxiert und durch das Fließen selbst wieder neue Spannungen eingebracht werden [91, 127]. Mit zunehmender Düsenlänge nimmt die Strangaufweitung kontinuierlich ab. Eine Erweiterung der Werkzeuglänge stellt nach Michaeli [17] eine Vergrößerung der Parallelführung bzw. der Bügelzone, welche den Abbau von reversiblen elastischen Deformationen fördert, dar. Nachteil dieser konstruktiven Veränderung ist der erhöhte Druckverbrauch durch das Werkzeug [196]. Analog zu den Auswertungen der Deborah-Zahlen zeigen die Materialien bei einer Verdopplung der Düsenlänge von 3 auf 6 mm die größte Reduktion der Strangaufweitung. Gesamthaft betrachtet reduziert sich mit abnehmender Deborah-Zahl auch die Strangaufweitung aufgrund der erhöhten Verweilzeit in der Düse [16, 19, 84, 91, 104]. Vergleichbare Deborah-Zahlen führen nicht zu vergleichbaren Ergebnissen im Hinblick auf die Strangaufweitung, da der Einlaufdruckverlust in Abhängigkeit der Düsenlänge und des eingesetzten Festsilikonkautschuks deutliche Unterschiede aufzeigt. Analog zu den Ergebnissen aus Kapitel 5.3.3 hat der Einlaufdruckverlust einen größeren Effekt auf die Strangaufweitung im Vergleich zur Deborah-Zahl.

Ein Vergleich verschiedener Materialien zeigt, dass mit zunehmender Viskosität die Strangaufweitung abnimmt [113, 126, 128, 170]. Der viskoelastische Kautschuk wird, wie in Kapitel 5.3.3 beschrieben, durch den unverformbaren Füllstoff substituiert [145]. Trotz steigender Relaxationszeiten (aufgrund zunehmender Füllstoff-Polymer-Wechselwirkungen), wird die Strangaufweitung reduziert. Innerhalb der untersuchten Materialien ist ein nahezu linearer Zusammenhang zwischen Strangaufweitung und Schergeschwindigkeit zu erkennen. Das Bestimmtheitsmaß liegt bei niedrig-viskosen Materialien (hier Elastosil 401-30) und kurzen Düsenlängen bei mehr als 94 %. Hoch-viskose Materialien zeigen bei allen Düsenlängen vergleichbare Werte im Hinblick auf das Bestimmtheitsmaß.

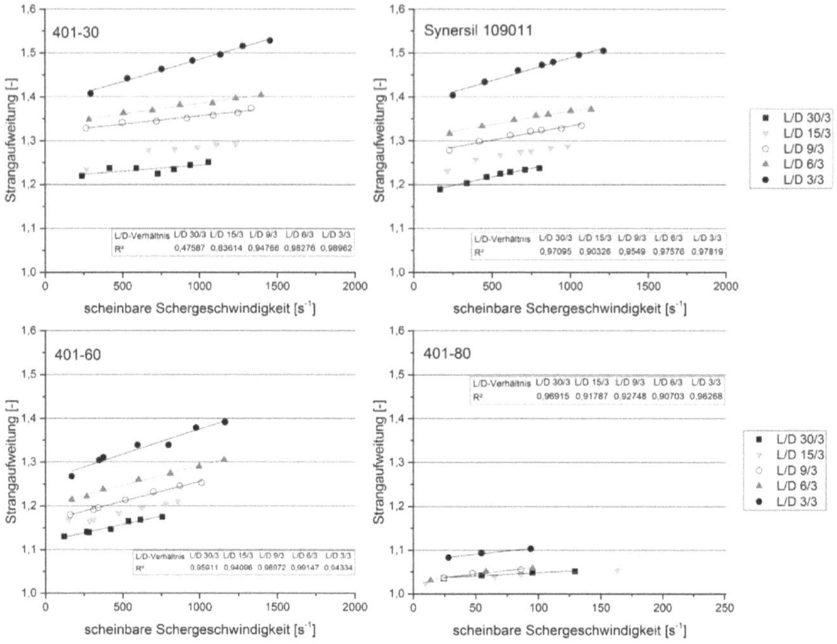

Abbildung 80: Einfluss der Düsenlänge bei gleichem Düsendurchmesser (und konstantem D_R/D_K-Verhältnis) auf die Strangaufweitung

Die nachfolgende Abbildung 81 zeigt die Strangaufweitung bei gleichem L/D-Verhältnis und zunehmendem Werkzeugdurchmesser und abnehmenden D_R/D_K-Verhältnis. Der Werkzeugdurchmesser hat entscheidenden Einfluss auf die resultierende Schergeschwindigkeit [121]. Mit zunehmender Schergeschwindigkeit nimmt die Strangaufweitung zu, erreicht ein Maximum und nimmt bei einigen Materialien (Elastosil 401-30 und Synersil 109011) bei weiterer Erhöhung wieder ab.

Ein größer werdender Werkzeugdurchmesser hat einen geringeren Werkzeuggegendruck zur Folge. Der Einlaufdruckverlust nimmt ab – vgl. Abbildung 20. Ein zunehmendes D_R/D_K-Verhältnis (durch zunehmenden Düsendurchmesser bei konstantem Durchmesser des Materialreservoirs) erhöht das Schwellverhalten – ähnlich zu den Ergebnisse von Han und Kim [129].

Nach Interpretation der Fließkurven (siehe Abbildung 73) treten bei Elastosil 401-30 und Synersil 109011 unter Verwendung des Werkzeuges L/D = 10/2 Wandgleiteffekte auf. Aufgrund des Wandgleitens kommt es zu einer Verringerung der Strangaufweitung. Um diesen Effekt wissenschaftlich näher zu untersuchen, sind weitere Untersuchungen mit zusätzlicher Prüfsensorik am Werkzeug notwendig. Hierbei stellt sich die Herausforderung, einen Drucksensor an eine Rundlochdüse zu platzieren, ohne den Schmelzefluss zu beeinflussen. Eine Veränderung der Werkzeug- bzw. Extrudatgeometrie bei gleichen Längen- zu Durchmesserverhältnissen stellt eine Möglichkeit dar.

Ein Vergleich der Materialien zeigt, dass bei höher-viskosen Materialien aufgrund der geringeren Kettenbeweglichkeit (vgl. [72]) die Molekülorientierung erschwert ist. Trotz erhöhter Relaxationszeit ist die Strangaufweitung auf einem niedrigeren Niveau (vgl. Abbildung 30). Zudem ist die resultierende Schergeschwindigkeit infolge der geringeren Massedurchsätze geringer im Vergleich zu niedrig-viskoseren Silikonkautschuken.

Die Linearität als Maß für die Prognosefähigkeit der Aufweitung im Hinblick auf die Werkzeugentwicklung zeigt bei hoch-viskoseren Mischungen ohne Molekülorientierung (ab 60 Shore A) Werte >90 %.

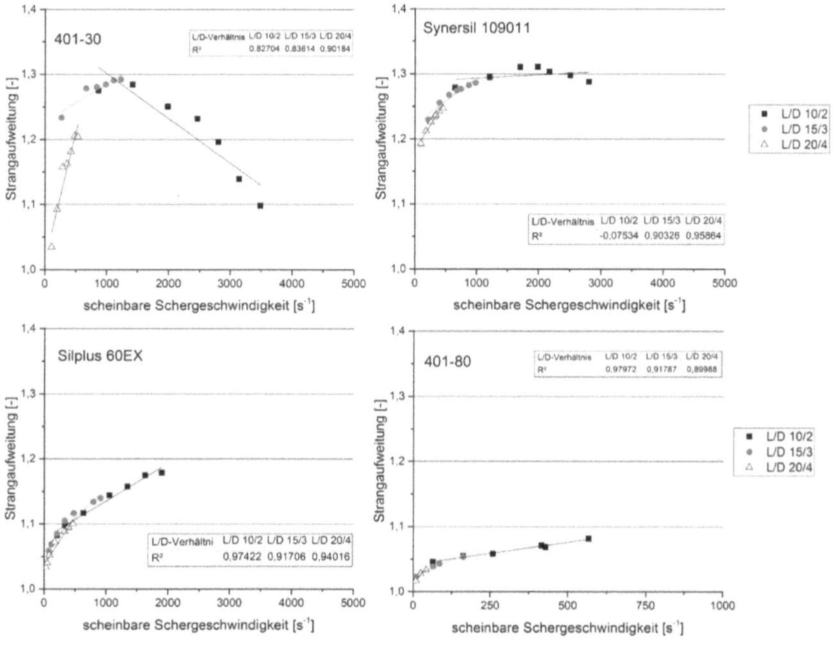

Abbildung 81: Einfluss Strangaufweitung bei gleichem L/D-Verhältnis und zunehmendem Werkzeugdurchmesser und abnehmendem D_R/D_K-Verhältnis

8.4.3. Einfluss konischer Elemente im Bereich der Werkzeugtechnik

Um den Einfluss konischer Elemente bei der Werkzeugentwicklung im Bereich der Extrusion zu verdeutlichen, wurden zwei Festsilikonkautschuke (Elastosil 401-30 und Synersil 109011) mit Hilfe unterschiedlicher Werkzeugkonzepte zu einem rotationssymmetrischen Vollprofil verarbeitet. In Abbildung 82 sind die verwendeten Werkzeuge schematisch dargestellt. Beide Werkzeuge weisen einen Durchmesser von 4mm und eine Düsenlänge von 5mm (entspricht einem L/D-Verhältnis von 1,25) auf. Im Vergleich zur Lochscheibe weist das zweite Werkzeugkonzept eine fließverbesserte Geometrie auf. Durch den Einlaufkonus wird das D_R/D_K-Verhältnis verändert.

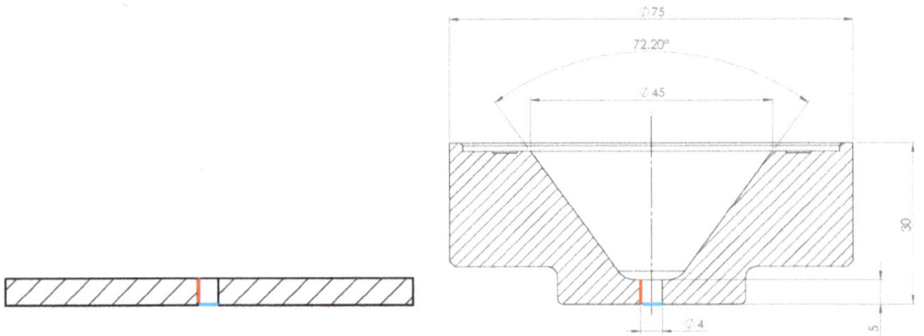

Abbildung 82: Darstellung der beiden Werkzeugkonzepte mit gleichem L/D-Verhältnis - Lochscheibe (links) und fließverbessertes Werkzeug (rechts)

Die Analyse der Prozessstabilität zeigte zwischen den Werkzeugkonzepten keinen Unterschied: Die Prozessstabilität lag bei beiden Materialien <2 % (d.h. die Betriebspunkte werden reproduzierbar angefahren). Die Druck-Durchsatz-Charakteristik der eingesetzten Silikonkautschuke ist in Abbildung 83 dargestellt. Der Einlaufkonus bewirkt eine leichte Zunahme des Werkzeuggegendruckes, da der Kanaldurchmesser aufgrund der größeren Werkzeughöhe verkleinert wird und somit einen größeren Druckverbraucher darstellt. Aufgrund des erhöhten Gegendruckes nimmt der Durchsatz mit fließverbessertem Werkzeug um ca. 2 % im Vergleich zur Lochscheibe ab.

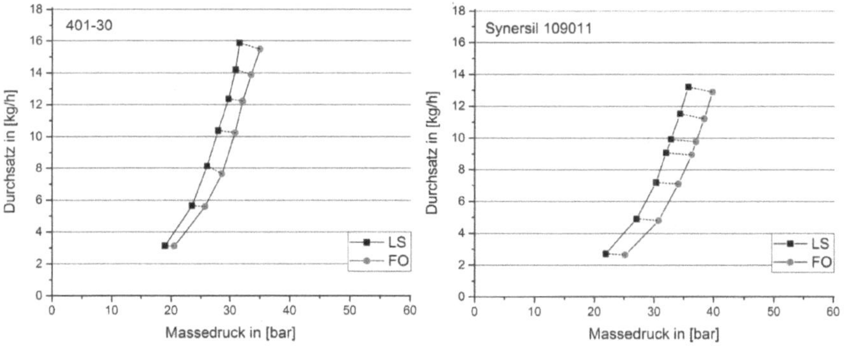

Abbildung 83: Druck-Durchsatz-Charakteristik zweier Festsilikonkautschuke mit Lochscheibe (LS) und fließverbessertem Werkzeug (FO)

Die Ergebnisse der Strangaufweitung sind in Abbildung 84 zusammengefasst und zeigen, dass durch die fließverbesserte Auslegung des Werkzeuges die Strangaufweitung bei beiden Materialien unabhängig der Schneckendrehzahl um ca. 4 % niedriger im Vergleich zur Lochscheibe ist. Bereits Liang [132] zeigte, dass ein Einlaufwinkel das Schwellverhalten reduziert.

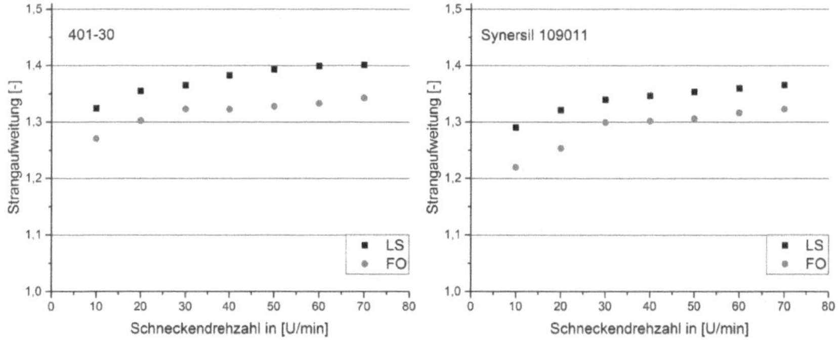

Abbildung 84: Strangaufweitung zweier Festsilikonkautschuke in Abhängigkeit des Werkzeugkonzeptes - Lochscheibe (LS) und fließverbessertes Werkzeug (FO)

Die Auswertung der Fließinstabilitäten zeigt keine Unterschiede zwischen den Werkzeugkonzepten.

Die fließoptimierte Auslegung von Extrusionswerkzeugen zeigt Auswirkungen sowohl auf den Extrusionsprozess in Form gesteigerter Werkzeuggegendrücke, als auch auf die geometrischen Abmaße des Extrudates in Form verminderter Strangaufweitung.

Darüber hinaus reduziert das fließverbesserte Werkzeugkonzept das Auftreten von Totwassergebieten [16, 23]. Lange Verweilzeiten und daraus folgend mögliche Anvernetzung (siehe Kapitel 6.1.2) können so vermieden werden und die Gefahr von Scorch wird reduziert [25]. Bei langfristigem Betrieb sollte dieses Werkzeugkonzept zur Anwendung kommen [16]. Um detailliertere Aussagen über die Verweilzeit des Materials in den Totwassergebieten zu erhalten, sind weitere Versuche (z.B. Farbwechsel-Tests) notwendig.

8.4.4. Das Auftreten von Fließinstabilitäten im realen Extrusionsprozess

Die Einordnung der Fließinstabilitäten in Kategorien erfolgt analog zur Vorgehensweise in Kapitel 5.3.4. Nicht jedes Material zeigte wie das Elastosil 401-30 (siehe Abbildung 42) alle Ausprägungen. Die vorrangig auftretenden Fließinstabilitäten von Synersil 109011 sind in Abbildung 85 dargestellt.

Abbildung 85: Auftretende Oberflächendefekte am Beispiel von Synersil 109011

Die Auswertungen der Fließinstabilitäten sind in Tabelle 15 für ausgewählte Materialien zusammengefasst. Alle Chargen weisen mit zunehmender Schneckendrehzahl und Schergeschwindigkeit eine Zunahme von Fließinstabilitäten auf. Niedrig-viskosere Materialien zeigen im Vergleich zu hoch-viskosen Mischungen deutlich mehr Fließinstabilitäten (vgl. auch Kapitel 5.3.4.) [56, 90, 113]. Dies lässt sich auf die zunehmenden Füllstoff-Polymer-Wechselwirkungen mit steigendem Füllstoffgehalt zurückführen [105, 159].

Tabelle 15: Oberflächen- und Volumendefekte in Abhängigkeit verschiedener Extrusionswerkzeuge (Einordung der Defekte siehe Tabelle 7- Seite 60)

401-10					
Drehzahl	L/D				
[U/min]	30/3	15/3	9/3	6/3	3/3
10	D	D	C	C	D
20	D	D	D	D	D
30	D	D	D	D	D
40	D	D	D	D	D
50	D	D	D	D	D
60	D	D	D	D	D
70	D	D	D	D	D

401-30					
Drehzahl	L/D				
[U/min]	30/3	15/3	9/3	6/3	3/3
10	C	B	C	B	A
20	C	C	C	B	B
30	D	C	C	C	B
40	D	C	C	C	B
50	D	C	C	C	B
60	D	C	C	C	B
70	D	C	C	C	B

Synersil 109011					
Drehzahl	L/D				
[U/min]	30/3	15/3	9/3	6/3	3/3
10	C	C	B	B	B
20	C	C	C	C	B
30	C	C	C	C	C
40	C	C	C	C	C
50	C	C	C	C	C
60	C	C	C	C	C
70	C	C	C	C	C

Silplus 60EX					
Drehzahl	L/D				
[U/min]	30/3	15/3	9/3	6/3	3/3
10	A	A	A	A	A
20	A	A	B	B	A
30	A	A	B	B	B
40	A	B	B	B	B
50	A	B	B	B	B
60	B	C	B	B	C
70	C	C	B	B	C

Die Ergebnisse bei gleichem Werkzeugdurchmesser und steigender Werkzeuglänge (siehe Tabelle 16) verdeutlichen, dass niedrig-viskose Materialien mit zunehmender Düsenlänge mehr Defekte zeigen. Bei hoch-viskosen Materialien (zum Beispiel Elastosil 401-60) ist dieser Trend invers, jedoch deutlich geringer ausgeprägt.

Bei gleichem L/D-Verhältnis und zunehmendem Durchmesser nehmen die Fließinstabilitäten aufgrund der kleineren Schergeschwindigkeiten ab [147]. Auch hier zeigen niedrig-viskosere Mischungen deutlich mehr Fließinstabilitäten aufgrund der geringer ausgeprägten Füllstoff-Polymer-Wechselwirkungen [105, 159]. Das Elastosil 401-80 zeigte über alle Versuchsreihen hinweg keine Fließinstabilitäten.

Tabelle 16: Auftretende Oberflächendefekte bei konstantem L/D-Verhältnis und abnehmendem DR/DK-Verhältnis (Einordung der Defekte siehe Tabelle 7- Seite 60)

401-10				
Drehzahl	L/D			
[U/min]	5/1	10/2	15/3	20/4
10	D	D	D	C
20	D	D	D	D
30	---	D	D	D
40	---	D	D	D
50	---	D	D	D
60	---	D	D	D
70	---	D	D	D

401-30				
Drehzahl	L/D			
[U/min]	5/1	10/2	15/3	20/4
10	D	C	B	B
20	D	C	C	C
30	D	D	C	C
40	D	D	C	C
50	D	D	C	C
60	D	D	C	C
70	D	D	C	C

Synersil 109011				
Drehzahl	L/D			
[U/min]	5/1	10/2	15/3	20/4
10	C	C	C	A
20	C	C	C	B
30	D	C	C	C
40	D	D	C	C
50	D	D	C	C
60	D	D	C	C
70	D	D	C	C

Silplus 60EX				
Drehzahl	L/D			
[U/min]	5/1	10/2	15/3	20/4
10	B	A	A	A
20	B	A	A	A
30	C	B	A	A
40	C	B	B	A
50	C	B	B	B
60	C	B	C	B
70	C	B	C	B

Hoch-viskosere Mischungen zeigen bei gleichen Schneckendrehzahlen weniger Fließinstabilitäten. Dies liegt unter anderem an dem verminderten Ausstoß bei gleicher Schneckendrehzahl (vgl. Kapitel 8.3.1) und der daraus resultierenden geringeren Schergeschwindigkeit. Die erhöhten Füllstoff-Polymer-Wechselwirkungen reduzieren die Kettenbeweglichkeit und begrenzen die auftretenden Fließinstabilitäten. Zudem zeigt sich der Trend, dass kleine L/D-Verhältnisse das Auftreten von Fließinstabilitäten verringern.

8.5. Zwischenfazit

Zu Beginn der Versuchsreihen wurde die Prozessstabilität, d.h., wie robust und reproduzierbar werden die Betriebspunkte angefahren, evaluiert. Über alle Werkzeuge und Materialien hinweg liegt der Mittelwert der Prozessstabilität unter 1,5 %. Das bedeutet, die Betriebspunkte werden reproduzierbar angefahren. Mit kleiner werdender Düsenlänge und konstantem Durchmesser nimmt die Prozessstabilität leicht ab.

Der Silikonextruder zeigt ein gegendruckabhängiges Förderverhalten. Mit steigender Viskosität (bzw. Shore-Härte und Grünfestigkeit) des Kautschuks wird weniger Material bei gleicher Schneckendrehzahl gefördert. Unabhängig von der Werkzeuggeometrie erzielen niedrig-viskose Materialien aufgrund dessen höhere Durchsätze im Vergleich zu hoch-viskoseren Mischungen. Ein zunehmender Werkzeuggegendruck, z.B. aufgrund größerer Werkzeuglängen, reduziert die Volumenförderrate pro Umdrehung und verringert den

Durchsatz. Werkzeuge mit kleinem L/D-Verhältnis erzielen größere Durchsätze.
Materialien mit hoher Viskosität (Elastosil 401-80) werden im Einzugsbereich nicht ausreichend gefördert. Der typische „Knet" wird nicht gebildet und der Massedruck ist instabil. Um die Materialförderung zu verbessern und ein Unterfüttern bei der Verarbeitung hochviskoser Mischungen zu vermeiden, muss die Schneckengeometrie angepasst werden.
Die Analyse der Verweilzeiten inkl. Massetemperaturen der Festsilikonkautschuke nach Verlassen des Werkzeuges zeigt, dass bei den hier untersuchten Silikonkautschuken (und Vernetzungssystemen) die Gefahr einer frühzeitigen Vulkanisation bei eingeschalteter Kühlung vernachlässigbar ist.
Analog zu den Ergebnissen aus Kapitel 5.3.2 konnte auch hier ein druckabhängiges Wandgleitverhalten detektiert werden. Die Darstellung der Fließkurven veranschaulicht, dass aufgrund der hohen resultierenden Schubspannung keine Wandgleiteffekte auftreten. Ausnahmen stellen hier das Elastosil 401-30 und das Synersil 109011 dar. Eine Überführung der Ergebnisse auf die restlichen Werkzeuggeometrien lässt den Schluss zu, dass nur das Werkzeug mit dem größten L/D-Verhältnis Wandgleiteffekte verursachen sollte.
Die Ermittlung der Einlaufdruckverluste zeigt einen materialunabhängigen Zusammenhang zwischen prozentualem Anteil des Einlaufdruckverlustes am (Gesamt-)Massedruck. Mit kleiner werdendem L/D-Verhältnis vergrößert sich der Anteil des Einlaufdruckverlustes am Gesamtdruckverlust. Der Einlaufdruckverlust hat einen großen Einfluss bei kleinen Düsenlängen.
Mit zunehmender Schneckendrehzahl und resultierender Schergeschwindigkeit nimmt die Strangaufweitung bei allen Materialien, aufgrund der Zunahme an gespeicherter elastischer Energie, zu. Mit abnehmender Deborah-Zahl reduziert sich die Strangaufweitung, bedingt durch die erhöhte Verweilzeit in der Düse. Vergleichbare Deborah-Zahlen führen nicht zu vergleichbaren Ergebnissen im Hinblick auf die Strangaufweitung, da der Einlaufdruckverlust in Abhängigkeit der Düsenlänge und des eingesetzten Festsilikonkautschuks deutliche Unterschiede aufzeigt.
Die geometrischen Abmaße des Vollprofils sind vor allem von der Schergeschwindigkeit abhängig. Mit steigender Schergeschwindigkeit nimmt die Aufweitung nahezu linear zu. Eine Vergrößerung des L/D-Verhältnisses reduziert diesen Effekt. Auftretende Wandgleiteffekte reduzieren den Grad der Aufweitung am Beispiel von Elastosil 401-30 oder Synersil 109011. Weiterführende Untersuchungen sind hier notwendig, um diesen Effekt wissenschaftlich zu

beleuchten.

Die fließoptimierte Auslegung von Extrusionswerkzeugen zeigt Auswirkungen sowohl auf den Extrusionsprozess in Form gesteigerter Werkzeuggegendrücke, als auch auf die geometrischen Abmaße des Extrudates in Form von verminderter Strangaufweitung. Bei langfristigem Betrieb sollte dieses Werkzeugkonzept zur Anwendung kommen, um das Auftreten von Totwassergebieten und die Gefahr von Scorch zu reduzieren.

In Bezug auf das Auftreten von Fließinstabilitäten zeigen niedrig-viskose Materialien deutlich mehr Fließinstabilitäten im Vergleich zu hoch-viskoseren Mischungen. Bei niedrig-viskosen Materialien verursachen Werkzeuge mit kleinem L/D-Verhältnis weniger Fließinstabilitäten. Bei hoch-viskoseren Mischungen ist dieser Trend invers, jedoch geringer ausgeprägt.

In Bezug auf die Werkzeuggestaltung zeigt sich, dass Werkzeuge mit kleinerem L/D-Verhältnis deutliche Vorteile aufweisen [24]: Aufgrund der geringen Länge stellen sie einen kleineren Druckverbraucher dar. Als Folge dessen ist die Verweilzeit im Extruder bzw. im Werkzeug geringer und die Scorch-Gefahr wird reduziert. Der Absolutwert der Strangaufweitung ist größer, lässt sich jedoch mit hoher Genauigkeit vorhersagen. Kürzere Werkzeuge zeigen zudem weniger Fließinstabilitäten.

Abbildung 86 fasst die Zusammenhänge aus diesem Kapitel zusammen.

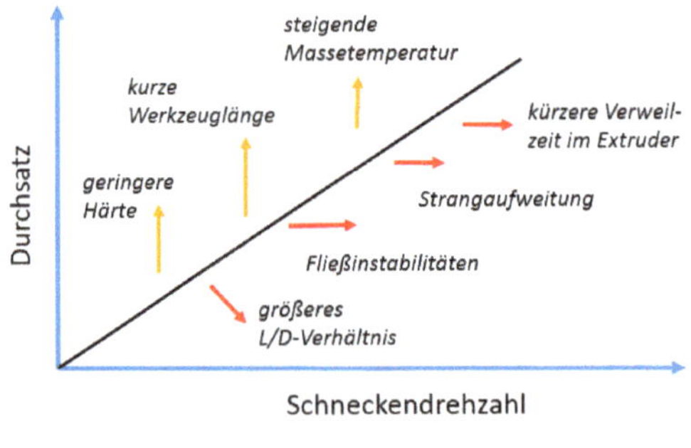

Abbildung 86: Einflussgrößen auf den Durchsatz bei der Extrusion von Festsilikonkautschuk

Die Ergebnisse auf Basis der HKR-Messungen stimmen mit den Ergebnissen der realen Extrusionsversuche grundlegend überein. Das Hochdruck-Kapillarrheometer stößt bei hohen Schergeschwindigkeiten an seine Grenzen. Sehr große Kolbengeschwindigkeiten wären die Folge, um die zum Teil hohen Schergeschwindigkeiten, wie sie im realen Extrusionsprozess auftreten, darzustellen. Das Verhältnis von D_R zu D_K hat einen Einfluss auf die

Strangaufweitung: Gleiche Verhältnisse lassen sich nur bedingt auf Prüf- (HKR) und Verarbeitungsmaschine (Extruder) realisieren.

Reale Extrusionsversuche sind unabdingbar, um das Fließverhalten der eingesetzten Materialien realitätsgetreu abzubilden und unter anderem im Hinblick auf die Werkzeuggestaltung zu interpretieren.

9. Zusammenfassung

9.1. Zusammenfassung

Das Ziel der vorliegenden Dissertation war es, einen Beitrag zur grundlegenden Analyse des Extrusionsprozesses von Festsilikonkautschuk zu leisten und das allgemeine Prozessverständnis zu vertiefen. Hierfür wurden Festsilikonkautschuke verschiedener Shore-Härten und Materialhersteller rheologisch charakterisiert und im Anschluss daran im realen Extrusionsprozess verarbeitet.

Die Analyse des rheologischen Verhaltens der eingesetzten Festsilikonkautschuke zeigt, dass alle hier untersuchten Materialien strukturviskoses Verhalten aufweisen. Der Einfluss von Druck und Temperatur auf die Viskosität ist im Gegensatz zur Schergeschwindigkeit als eher gering einzustufen. Das Fließverhalten kann mit guter Näherung durch den Potenzansatz beschrieben werden.

Mit zunehmender Schergeschwindigkeit nimmt die Aufweitung des Polymers nach Verlassen der Düse zu. Niedrig-viskose Materialien zeigen eine größere Aufweitung im Vergleich zu hoch-viskoseren Mischungen. Der viskoelastische Kautschuk wird mit steigender Viskosität (und zunehmendem Füllstoffgehalt) durch den unverformbaren Füllstoff substituiert. Trotz steigender Relaxationszeiten aufgrund der zunehmenden Füllstoff-Polymer-Wechselwirkungen wird das Schwellverhalten geringer. Ein steigendes L/D-Verhältnis liefert infolge der erhöhten Verweilzeit des Materials in der Düse geringere Absolutwerte der Strangaufweitung. Mit zunehmender Temperatur nimmt die Strangaufweitung ebenfalls ab. Bei allen hier untersuchten Festsilikonkautschuken wurden mit Hilfe des Hochdruck-Kapillarrheometers Wandgleiteffekte detektiert. Ein druckabhängiges Wandgleitverhalten konnte gezeigt werden. Bei vergleichbaren Wandschubspannungen werden in Abhängigkeit der eingesetzten Düsen und resultierendem Massedruck unterschiedlich hohe Wandgleitgeschwindigkeiten ermittelt. Oberflächen- und Volumendefekte, welche den Produktionsprozess limitieren, nehmen mit steigender Schergeschwindigkeit zu und mit zunehmender Viskosität ab. Kleinere L/D-Verhältnisse reduzieren das Auftreten von Fließinstabilitäten.

Die Analyse des Vulkanisationsprozesses mit Hilfe eines RPA hat gezeigt, dass eine Erhöhung der Vulkanisationstemperatur unabhängig vom Vernetzungssystem zu einer kürzeren Vernetzungszeit führt. Eine Erhöhung der Vernetzungsdichte ist nicht zwangsläufig damit verbunden. Die Wahl des Vernetzungssystems hat großen Einfluss auf den gesamten

Vulkanisationsprozess. Im Bereich der organischen Peroxide führen nicht-vinyl-spezifische Peroxide zu höheren Vernetzungsdichten im Vergleich zu vinyl-spezifischen. Neben der Wahl des Vernetzungsmittels hat auch die Wahl des eingesetzten Silikonkautschuks Einfluss auf den Vulkanisationsprozess: Ein zunehmender Füllstoffgehalt erhöht die Aktivierungsenergie und die thermische Stabilität. Die Prognose der Inkubationszeiten macht deutlich, dass bei Verwendung des typischen Vernetzungssystems in der Extrusion (DClBP) die Gefahr einer frühzeitigen Vulkanisation im Extruder auf ein Mindestmaß reduziert werden kann. Schnellere Reaktionsgeschwindigkeiten durch Verwendung additionsvernetzender Systeme konnten am Beispiel des hier eingesetzten Materials nicht festgestellt werden.

Die Auswertung der statistischen Versuchsplanung in Bezug auf die signifikanten Einflussparameter auf den Extrusionsprozess veranschaulicht, dass der signifikante Faktor die Schneckendrehzahl ist. Mit steigender Schneckendrehzahl steigt der Durchsatz. Ein höherer Durchsatz führt zu höheren Schergeschwindigkeiten im Werkzeug, welche wiederum die Strangaufweitung des Extrudates beeinflussen. Die Temperatur des Extrudates nach dem Verlassen des IR-Tunnels wurde als limitierende Größe des gesamten Verarbeitungsprozesses identifiziert und wird hauptsächlich durch die Schneckendrehzahl und zusätzlich durch die Temperatur des IR-Tunnels beeinflusst. Eine steigende Schneckendrehzahl verringert die Verweilzeit im IR-Tunnel und beeinflusst den Vulkanisationsprozess durch Veränderung des Energieeintrags in den Silikonkautschuk und damit verbunden die Temperatur des Extrudates. Die Qualität der aufgestellten Regressionsmodelle liegt bei über 90 %. Dies führt zu einer hohen Prognosegenauigkeit für alle Materialien und verdeutlicht die Aussagekraft des hier verwendeten teilfaktoriellen Versuchsplans.

Die Verwendung fester Parametersätze (mit konstanten Schneckendrehzahlen) auf Basis wirtschaftlicher Gesichtspunkte in der Industrie hebt die Bedeutung der Werkzeugtechnik bei der Formgebung im Extrusionsprozess hervor. Um die geometrischen Abmessungen des Extrudates bei konstanter Schneckendrehzahl zu beeinflussen, ist die Werkzeugausgestaltung das zentrale Mittel.

Die Prozessstabilität liegt über alle Werkzeuge und Materialien hinweg bei unter 1,5 %. Das heißt, dass die Betriebspunkte reproduzierbar angefahren werden. Der Silikonextruder zeigt ein gegendruckabhängiges Förderverhalten. Mit steigender Viskosität des Kautschuks wird weniger Material bei gleicher Schneckendrehzahl gefördert. Unabhängig von der Werkzeuggeometrie erzielen niedrig-viskose Materialien aufgrund dessen höhere Durchsätze im Vergleich zu hoch-viskoseren Mischungen.

Materialien mit hoher Viskosität (Elastosil 401-80) werden im Einzugsbereich nicht ausreichend gefördert. Der typische „Knet“ wird nicht gebildet und der Massedruck ist instabil. Um die Materialförderung zu verbessern und ein Unterfüttern bei der Verarbeitung hoch-viskoser Mischungen zu vermeiden, muss die Schneckengeometrie angepasst werden. Die Analyse der Verweilzeiten inkl. Massetemperaturen der Festsilikonkautschuke nach Verlassen des Werkzeuges zeigt, dass bei den hier untersuchten Silikonkautschuken (und Vernetzungssystemen) die Gefahr einer frühzeitigen Vulkanisation bei eingeschalteter Kühlung vernachlässigbar ist.

Im realen Extrusionsprozess konnte ebenfalls ein druckabhängiges Wandgleitverhalten detektiert werden. Die Darstellung der Fließkurven veranschaulicht, dass aufgrund der hohen resultierenden Schubspannung keine Wandgleiteffekte auftreten. Ausnahmen stellen hier das Elastosil 401-30 und das Synersil 109011 dar. Die Ermittlung der Einlaufdruckverluste zeigt einen materialunabhängigen Zusammenhang zwischen prozentualem Anteil des Einlaufdruckverlustes am (Gesamt-)Massedruck. Mit kleiner werdendem L/D-Verhältnis vergrößert sich der Anteil des Einlaufdruckverlustes am Gesamtdruckverlust. Mit zunehmender Schneckendrehzahl und resultierender Schergeschwindigkeit nimmt die Strangaufweitung bei allen Materialien, aufgrund der Zunahme an gespeicherter elastischer Energie, zu. Mit abnehmender Deborah-Zahl reduziert sich die Strangaufweitung bedingt durch die erhöhte Verweilzeit in der Düse. Vergleichbare Deborah-Zahlen führen nicht zu vergleichbaren Ergebnissen im Hinblick auf die Strangaufweitung, da der Einlaufdruckverlust in Abhängigkeit der Düsenlänge und des eingesetzten Festsilikonkautschuks deutliche Unterschiede aufzeigt.

Die geometrischen Abmaße des Vollprofils sind vor allem von der Schergeschwindigkeit abhängig. Mit steigender Schergeschwindigkeit nimmt die Aufweitung nahezu linear zu. Eine Vergrößerung des L/D-Verhältnisses reduziert diesen Effekt. Auftretende Wandgleiteffekte reduzieren den Grad der Aufweitung am Beispiel von Elastosil 401-30 oder Synersil 109011. Weiterführende Untersuchungen sind hier notwendig, um diesen Effekt wissenschaftlich zu beleuchten.

Die fließoptimierte Auslegung von Extrusionswerkzeugen erzielt gesteigerte Werkzeuggegendrücke und eine verminderte Strangaufweitung. Bei langfristigem Betrieb sollte dieses Werkzeugkonzept zur Anwendung kommen, um das Auftreten von

Totwassergebieten und die Gefahr von Scorch zu reduzieren.

Die in dieser Arbeit ermittelten Erkenntnisse sind zusammenfassend in Abbildung 87 dargestellt.

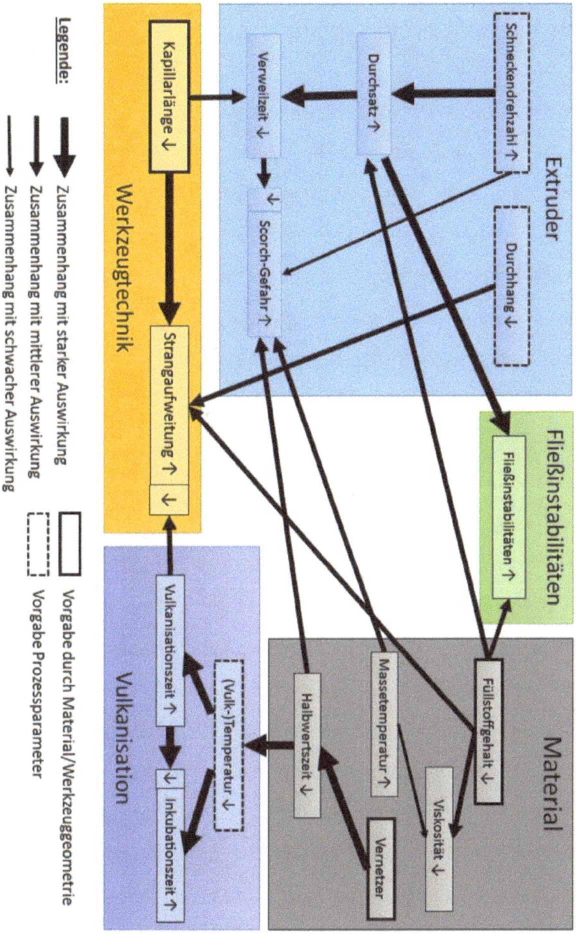

Abbildung 87: Darstellung der allgemeinen Zusammenhänge im Verarbeitungsprozess von Festsilikonkautschuk

9.2. Summary

The aim of this doctorial thesis was to contribute to the fundamental analysis of the extrusion process of high-consistency silicone rubber and to deepen the general understanding of the process. For this purpose, high-consistency silicone rubbers of various Shore hardnesses and material manufacturers were rheologically characterized and subsequently processed in the real extrusion process.

The analysis of the rheological behavior of the high-consistency silicone rubbers used shows that all the materials examined here exhibit structure-viscous behavior. In contrast to the shear rate, the influence of pressure and temperature on viscosity is rather small. The flow behavior can be described with a good approximation by the power law.

With increasing shear rate the expansion of the polymer increases after leaving the die. Low-viscosity materials show a greater expansion compared to higher-viscosity compounds. The viscoelastic silicone rubber is substituted by the non-deformable filler with increasing viscosity (and increasing filler content). Despite increasing relaxation times due to the increasing filler-polymer interactions, the swelling behavior is reduced. An increasing L/D ratio results in lower absolute values of the die swell due to the increased residence time of the material in the die. The strand expansion also decreases with increasing temperature. For all high-consistency silicone rubbers investigated here, wall slip effects were detected with the aid of the high-pressure capillary rheometer. A pressure-dependent wall sliding behavior could be shown. At comparable wall shear stresses, different wall sliding velocities are determined depending on the dies used and the resulting melt pressure. Surface and volume defects, which limit the production process, increase with increasing shear rate and decrease with increasing viscosity. Smaller L/D ratios reduce the occurrence of flow instabilities.

The analysis of the curing process with the aid of a RPA has shown that an increase in the curing temperature leads to a shorter crosslinking time independent of the crosslinking system. An increase in crosslinking density is not necessarily associated with this. The choice of the crosslinking system has a major influence on the entire vulcanization process. In the area of organic peroxides, non-vinyl-specific peroxides lead to higher crosslinking densities than vinyl-specific peroxides. In addition to the choice of crosslinking agent, the choice of silicone rubber also has an influence on the curing process: an increasing filler content increases the activation energy and thermal stability. The prognosis of the incubation times clearly shows that using the typical crosslinking system in extrusion (DClBP), the risk of early vulcanization in the extruder can be reduced to a minimum. Faster reaction rates due to the use of addition-curing systems could not be determined using the example of the material used here.

The evaluation of the design of experiment regarding the significant influencing parameters on the extrusion process illustrates that the significant factor is the screw speed. The throughput increases with increasing screw speed. A higher throughput leads to higher shear rates in the die, which in turn influence the die swell of the extrudate. The temperature of the extrudate after leaving the IR tunnel has been identified as a limiting factor of the overall processing process and is mainly influenced by the screw speed and additionally by the temperature of the IR tunnel. An increasing screw speed reduces the residence time in the IR tunnel and influences the curing process by changing the energy input into the silicone rubber and thus the temperature of the extrudate. The quality of the regression models is over 90%. This leads to a high accuracy of prognosis for all materials and clarifies the validity of the partial factorial test plan used here.

The use of fixed parameter sets (with constant screw speeds) based on economic aspects in industry emphasizes the importance of die technology for shaping in the extrusion process. In order to influence the geometric dimensions of the extrudate at a constant screw speed, the die design is the central means.

The process stability across all tools and materials is less than 1.5 %. This means that the operating points are reproducibly approached. The silicone extruder shows a counterpressure-dependent conveying behavior. As the viscosity of the rubber increases, less material is conveyed at the same screw speed. Irrespective of the tool geometry, low-viscosity materials achieve higher throughputs compared to higher-viscosity compounds. Materials with high viscosity (Elastosil 401-80) are not sufficiently conveyed in the feeding area. The typical "kneading" is not formed and the melt pressure is unstable. The screw geometry must be adapted in order to improve material conveying and avoid relining when processing high-viscosity compounds.

The analysis of the residence times including melt temperatures of the high-consistency silicone rubber after leaving the die shows that with the silicone rubbers (and cross-linking systems) investigated here, the risk of early vulcanization with cooling switched on is negligible.

In the real extrusion process, a pressure-dependent wall sliding behavior could also be detected. The flow curves illustrate that no wall sliding effects occur due to the high resulting shear stress. Exceptions are Elastosil 401-30 and Synersil 109011. The determination of the inlet pressure losses shows a material-independent relationship between the percentage share of the inlet pressure loss in the (total) melt pressure. As the L/D ratio decreases, the proportion of the inlet pressure loss in the total pressure loss increases. With increasing screw speed and the resulting shear rate, the die swell increases for all materials due to the increase in stored elastic energy. As the Deborah number decreases, the die swell is reduced due to the increased dwell time in the nozzle. Comparable Deborah numbers do not lead to comparable results regarding die swell, since the inlet pressure loss shows clear differences depending on the die length and the high-consistency silicone rubber silicone rubber used. The geometric dimensions of the full profile are primarily dependent on the shear rate. As the shear rate increases, the die swell increases almost linearly. An increase in the L/D ratio reduces this effect. Sliding wall effects reduce the degree of expansion using Elastosil 401-30 or Synersil 109011 as examples. Further investigations are necessary here to illuminate this effect scientifically.

The flow-optimized design of extrusion dies achieves increased die back pressures and reduced die swell. For long-term operation, this die concept should be used in order to reduce the occurrence of dead water areas and the risk of scorch.

The findings of this study are summarized in Abbildung 88.

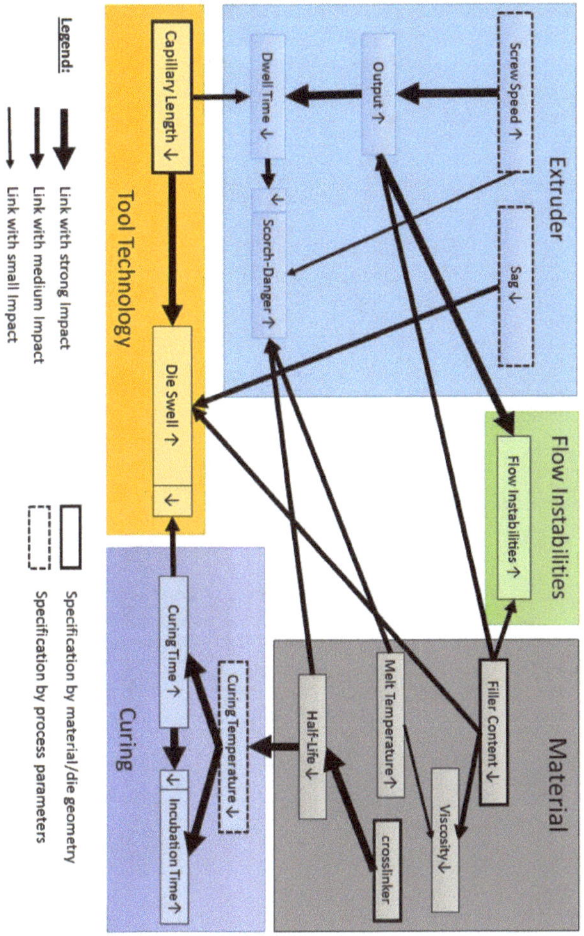

Abbildung 88: Presentation of the general relationships in the processing of high-consistency silicone rubber

Abbildungsverzeichnis

Abbildung 1: Schematische Darstellung der Prozesskette bei der Verarbeitung von Silikonkautschuk ... 2
Abbildung 2: Chemische Struktur des Polydimethylsiloxans (=PDMS) in Anlehnung an [33] ... 5
Abbildung 3: Einteilung der Silikonkautschuke in Anlehnung an [1, 57] ... 7
Abbildung 4: Schematische Darstellung der Additionsvernetzung in Anlehnung an [1] ... 8
Abbildung 5: Schematischer Ablauf einer Vernetzungsreaktion mittels Peroxiden in Anlehnung an [70] ... 10
Abbildung 6: Phasen des Mischprozesses in Anlehnung an Limper [72] ... 11
Abbildung 7: Beispielhafte Rezeptur einer Silikonkautschukmischung nach [2, 28, 29] ... 12
Abbildung 8: Siebpaket inklusive Lochscheibe mit verschiedenen Strainersieben in Anlehnung an [81] ... 13
Abbildung 9: Zusammenfassung der Extruderbauarten in Anlehnung an [16, 80] ... 15
Abbildung 10: Übersicht über die Aufgaben des Extruders bei der Verarbeitung von organischem Kautschuk im Vergleich zum Silikonkautschukextruder in Anlehnung an [1] ... 15
Abbildung 11: Übersicht über die verschiedenen Verfahrensvarianten bei der Extrusion von Silikonkautschuk [86, 87] ... 18
Abbildung 12: Leistungsdreieck bei der Extrusion von Kautschuk nach [79] ... 19
Abbildung 13: Übersicht über gängige Werkzeugtypen für verschiedene Austrittsquerschnitte in Anlehnung an [17] ... 20
Abbildung 14: Skizze einer Lochplatte (links) und stromlinienförmiges Werkzeug (rechts) mit gekennzeichneter Werkzeuglänge (rot) und Werkzeugdurchmesser (blau) ... 21
Abbildung 15. Schematische Darstellung ausgewählter kontinuierlicher Vulkanisationsverfahren ... 23
Abbildung 16: Kernthemen der vorliegenden Dissertation in Anlehnung an die Prozesskette ... 25
Abbildung 17: Übersicht über Arten von Rheometern und Verarbeitungsprozesse in Anlehnung an [97, 100] ... 28
Abbildung 18: Darstellung der Wandgleittheorien in Anlehnung an [9, 98, 111] ... 31
Abbildung 19: Umwandlung des Schergeschwindigkeitsprofils von einer parabelförmigen Verteilung innerhalb der Düse zu einer Blockströmung außerhalb der Düse in Anlehnung an [16, 89, 100, 130] ... 33
Abbildung 20: Einfluss des Düsendurchmessers und Einlaufwinkels auf die Ausbildung der Strömungslinien eines visko-elastischen Fluides in Anlehnung an [129, 133] ... 34
Abbildung 21: Schematische Darstellung des Ursachemechanismus von Shark-Skin in Anlehnung an [16] ... 37
Abbildung 22: Schematische Darstellung von Fließinstabilitäten in Anlehnung an [149, 156]38
Abbildung 23: Viskosität- (links) und Fließkurve (rechts) ausgewählter Silikonkautschuke in Abhängigkeit der Schergeschwindigkeit ... 40
Abbildung 24: Temperaturabhängiges Verhalten der Viskosität verschiedener Silikonkautschuke ... 41

Abbildung 25: Gegendruckabhängiges Verhalten der Viskosität bei einer Prüftemperatur von 40°C ... 42
Abbildung 26: Interpretation der Fließkurven zur Identifikation von Wandgleiteffekten bei einer Prüftemperatur von 30°C ... 44
Abbildung 27: Scheinbare Schergeschwindigkeit als Funktion des Massedruckes bei einer Prüftemperatur von 30°C für verschiedene Festsilikonkautschuke ... 45
Abbildung 28: Ermittlung der Wandgleitgeschwindigkeit mit Hilfe der Mooney-Methode hier am Beispiel von Elastosil 401-30 bei einer Prüftemperatur von 30°C ... 46
Abbildung 29: Wandgleitgeschwindigkeiten verschiedener Festsilikonkautschuke in Abhängigkeit der Temperatur (*Hinweis: variierende Achsenskalierung*) ... 47
Abbildung 30: Relaxationsverhalten verschiedener Festsilikonkautschuke in der Übersicht und herangezoomt bei einer Prüftemperatur von 30°C ... 49
Abbildung 31: charakteristische Relaxationszeit verschiedener Festsilikonkautschuke in Abhängigkeit der Prüftemperatur ... 49
Abbildung 32: Dehnviskosität als Funktion der Dehngeschwindigkeit verschiedener Festsilikonkautschuke ... 52
Abbildung 33: Einlaufdruckverlust als Funktion der Schergeschwindigkeit ermittelt nach der Bagley-Methode für das Elastosil 401-10 und Elastosil 401-60 bei einer Prüftemperatur von 30°C ... 53
Abbildung 34: Einlaufdruckverluste als Funktion der Schergeschwindigkeit in Abhängigkeit der Prüftemperatur am Beispiel von Elastosil 401-10 und Synersil 109011 ... 53
Abbildung 35: Einlaufdruckverlust bei konstantem D_R/D_K-Verhältnis (12) für verschiedene Festsilikonkautschuke ... 54
Abbildung 36: Vergleich der Einlaufdruckverluste zwischen ermittelten und berechneten Werten ... 56
Abbildung 37: Strangaufweitung bei konstanter Düsengeometrie in Abhängigkeit der Schergeschwindigkeit für verschiedene Prüftemperaturen und Festsilikonkautschuke ... 57
Abbildung 38: Strangaufweitung bei zunehmender Düsenlänge in Abhängigkeit der Schergeschwindigkeit für verschiedene Festsilikonkautschuke (30°C Prüftemperatur) ... 58
Abbildung 39: Strangaufweitung in Abhängigkeit der Schergeschwindigkeit für verschiedene Festsilikonkautschuke bei verändertem D_R/D_K-Verhältnis (30°C Prüftemperatur) ... 59
Abbildung 40: Einfluss des D_R/D_K-Verhältnisses auf die Strangaufweitung verschiedener Festsilikonkautschuke ... 60
Abbildung 41: Darstellung der eingesetzten Düsen am HKR - Nulldüse mit Einlaufkonus (links) und Messdüse mit L/D-Verhältnis (rechts) ... 62
Abbildung 42: Zunahme der Oberflächendefekte am Beispiel von Elastosil 401-30 ... 63
Abbildung 43: Einfluss von Druck, Temperatur und Füllgrad auf die Viskosität ... 65
Abbildung 44: Darstellung der Zusammenhänge in Bezug auf die Strangaufweitung ... 66
Abbildung 45: Vulkanisationsisothermen in Anlehnung an DIN 53529 [180] des additionsvernetzenden Materials Synersil 109011 ... 70
Abbildung 46: Vulkanisationsisothermen in Anlehnung an DIN 53529 [180] von Elastosil 401-10 mit 1,5 phr 2,4-Dichlorobenzoyl Peroxid ... 70
Abbildung 47: Alpha-Werte verschiedener Festsilikonkautschuke bei 120°C (links) und 160°C (rechts) Vulkanisationstemperatur ... 72

Abbildung 48: maximal auftretende Reaktionsrate in Abhängigkeit der Prüftemperatur...... 73
Abbildung 49: Vernetzungsdichte (δS') ausgewählter Materialien als Funktion der Vulkanisationstemperatur – ausschließlich mit DClBP vernetzt 74
Abbildung 50: maximale Reaktionsrate zweier Festsilikonkautschuke in Abhängigkeit verschiedener Vernetzungsmittel (DClBP bzw. DCP) 75
Abbildung 51: Alpha-Werte von Elastosil 401-60 vernetzt mit DClBP oder DCP bei 160°C Vulkanisationstemperatur.. 76
Abbildung 52: Vernetzungsdichte (δS') zweier Festsilikonkautschuke mit DClBP bzw. DCP vernetzt in Abhängigkeit der Vulkanisationstemperatur.. 77
Abbildung 53: Ermittelte Aktivierungsenergie der untersuchten Festsilikonkautschuke in Anlehnung an [180] 80
Abbildung 54: Darstellung der Prozessführung bei der Verarbeitung von Festsilikonkautschuk mit Hilfe einer vertikalen Laborextrusionslinie in Anlehnung an [87] 85
Abbildung 55: Pareto- und Konturdiagramme in Bezug auf den Ausstoß für das Elastosil 401-30, Synersil 109011 und das Elastosil 401-60 86
Abbildung 56: Höhe der signifikanten Effekte in Bezug auf die Zielgröße Ausstoß auf Basis der Regressionsmodelle für alle untersuchten Silikonkautschuke 87
Abbildung 57: Pareto- (oben) und Konturdiagramme (unten) in Bezug auf die Strangaufweitung für das Elastosil 401-30 (A), Synersil 109011 (B) und das Elastosil 401-60 (C) 88
Abbildung 58: Höhe der Effekte in Bezug auf die Zielgröße Strangaufweitung auf Basis der Regressionsmodelle für alle untersuchten Festsilikonkautschuke 89
Abbildung 59: Darstellung des Prüfaufbaus (links) und bsph. ein Thermogramm des Extrudates nach Verlassen des IR-Tunnels (rechts) 90
Abbildung 60: Reaktionsrate der untersuchten Festsilikonkautschuke bei konstanter Aufheizrate (5 K/min) 91
Abbildung 61: Pareto- und Konturdiagramme in Bezug auf die Extrudattemperatur nach Verlassen des IR-Tunnels für Elastosil 401-30, Synersil 109011 und Elastosil 401-60............. 92
Abbildung 62: Effekthöhe in Bezug auf die Zielgröße Extrudattemperatur nach Verlassen des IR-Tunnels auf Basis der Regressionsmodelle 93
Abbildung 63: Wärmeleitfähigkeit verschiedener Festsilikonkautschuke in Abhängigkeit der Prüftemperatur (ermittelt mit einem HKR)... 94
Abbildung 64: Zusammenfassung der untersuchten Prozess-Eigenschafts-Beziehungen 94
Abbildung 65: Prozessstabilität verschiedener Festsilikonkautschuke über alle Schneckendrehzahlen und Werkzeuggeometrien 99
Abbildung 66: Druck-Durchsatz-Kennlinien von Elastosil 401-10 und Synersil 109011 100
Abbildung 67: Druck-Durchsatz-Kennlinien von Elastosil 401-60 in Abhängigkeit verschiedener Werkzeuggeometrien.. 101
Abbildung 68: Druck-Durchsatz-Charakteristik bei zunehmender Düsenlänge und konstantem Durchmesser für das Elastosil 401-80 102
Abbildung 69: Spezifisches Volumen pro Schneckenumdrehung in Abhängigkeit verschiedener Werkzeuggeometrien und Festsilikonkautschuke. 103
Abbildung 70: Verweilzeit und Ausstoß über der Schneckendrehzahl von Elastosil 401-60. 104

Abbildung 71: Thermogramm eines Polymerstranges zur Analyse der Materialaustritts-temperatur 105
Abbildung 72: Durchsatz und Massetemperatur in Abhängigkeit der Schneckendrehzahl und Werkzeuggeometrie für verschiedene Festsilikonkautschuke 106
Abbildung 73: Interpretation der Fließkurven zur Identifikation von Wandgleiteffekten am realen Extrusionsprozess 107
Abbildung 74: Bagley-Plot von Elastosil 401-10 und Synersil 109011 zur Bestimmung des Einlaufdruckverlustes in Abhängigkeit verschiedener Düsenlängen und Schneckendrehzahl 111
Abbildung 75: prozentualer Anteil des Einlaufdruckverlustes am Massedruck für alle untersuchten Materialien in Abhängigkeit der Düsenlänge (3 bis 30 mm) 112
Abbildung 76: scheinbare Dehnviskositäten verschiedener Festsilikonkautschuke in Abhängigkeit der Düsenlänge 113
Abbildung 77: scheinbare Dehnviskositäten verschiedener Festsilikonkautschuke bei konstanter Düsenlänge 113
Abbildung 78: scheinbare Scherviskositäten am realen Extrusionsprozess für Elastosil 401-10 und Elastosil 401-60 114
Abbildung 79: Vergleich zwischen ermittelten und berechneten Einlaufdruckverlusten für Elastosil 401-10 und Synersil 109011 114
Abbildung 80: Einfluss der Düsenlänge bei gleichem Düsendurchmesser (und konstantem D_R/D_K-Verhältnis) auf die Strangaufweitung 116
Abbildung 81: Einfluss Strangaufweitung bei gleichem L/D-Verhältnis und zunehmendem Werkzeugdurchmesser und abnehmendem D_R/D_K-Verhältnis 117
Abbildung 82: Darstellung der beiden Werkzeugkonzepte mit gleichem L/D-Verhältnis - Lochscheibe (links) und fließverbessertes Werkzeug (rechts) 118
Abbildung 83: Druck-Durchsatz-Charakteristik zweier Festsilikonkautschuke mit Lochscheibe (LS) und fließverbessertem Werkzeug (FO) 119
Abbildung 84: Strangaufweitung zweier Festsilikonkautschuke in Abhängigkeit des Werkzeugkonzeptes - Lochscheibe (LS) und fließverbessertes Werkzeug (FO) 119
Abbildung 85: Auftretende Oberflächendefekte am Beispiel von Synersil 109011 120
Abbildung 86: Einflussgrößen auf den Durchsatz bei der Extrusion von Festsilikonkautschuk 124
Abbildung 87: Darstellung der allgemeinen Zusammenhänge im Verarbeitungsprozess von Festsilikonkautschuk 129
Abbildung 88: Presentation of the general relationships in the processing of high-consistency silicone rubber 133
Abbildung 89: schematischer Aufbau eines Kapillarrheometers in Anlehnung an [121] XXXI
Abbildung 90: Vorgehensweise bei der Charakterisierung von Polymeren mit Hilfe eines HKR in Anlehnung an [122, 123] XXXII
Abbildung 91: Verwendete Düsen (inkl. L/D-Verhältnis) am HKR zur Analyse des rheologischen Verhaltens XXXII
Abbildung 92: Spannungsrelaxation in Anlehnung an [199] gemessen mit einem D-RPA 3000 der Firma Montech Werkstoffprüfmaschinen GmbH XXXIII

Abbildung 93: schematischer Aufbau der Prüfkammer des RPA in Anlehnung an [78, 185, 200] XXXIV
Abbildung 94: Vulkameterkurve inklusive ausgewählter Kennwerte in Anlehnung an DIN 53529 XXXV
Abbildung 95: Laborsilikonextrusionslinie EEK 32.12 S - 4/90SIR der Rubicon Gummitechnik und Maschinenbau GmbH [87] XXXVII
Abbildung 96: Fließoptimiertes Werkzeug mit einem L/D-Verhältnis von 1,25 und einem Außendurchmesser von 4 mm zur Herstellung eines kreisrunden Vollprofiles XXXVII
Abbildung 97: Übersicht der L/D-Verhältnisse der eingesetzten Lochscheiben-Werkzeuge XLIII

Tabellenverzeichnis

Tabelle 1: Nomenklatur der Silikonkautschuke in Anlehnung an [27] 5
Tabelle 2: Ausgewählte Eigenschaften der untersuchten Festsilikonkautschuke 27
Tabelle 3: Parameter des Potenzansatzes für verschiedene Silikonkautschuke in Abhängigkeit der Prüftemperatur 43
Tabelle 4: Parameter des Potenzansatzes mit und ohne Mooney-Korrektur 48
Tabelle 5: Deborah-Zahlen am Beispiel von Elastosil 401-10 bei verschiedenen Düsengeometrien (Länge und Durchmesser) in Abhängigkeit der Prüftemperatur 50
Tabelle 6: Deborah-Zahlen am Beispiel von Elastosil 401-80 bei verschiedenen Düsengeometrien (Länge und Durchmesser) in Abhängigkeit der Prüftemperatur 51
Tabelle 7: Einordnung der Oberflächengüte in vier Kategorien 60
Tabelle 8: subjektive Bewertung der Messungen im Hinblick auf auftretende Oberflächendefekte bei einer Prüftemperatur von 30°C bei konstantem D_R/D_K-Verhältnis 64
Tabelle 9: ermittelte Inkubationszeiten in [s] der untersuchten Silikonkautschuke 78
Tabelle 10: TC 90 in [s] für die untersuchten Silikonkautschuke in Abhängigkeit der Vulkanisationstemperatur 78
Tabelle 11: prognostizierte Inkubationszeiten als Funktion der Vulkanisationstemperatur 81
Tabelle 12: Deborah-Zahlen für verschiedene Festsilikonkautschuke bei zunehmender Düsenlänge, konstantem Durchmesser und konstantem Verhältnis von D_R/D_K 109
Tabelle 13: Deborah-Zahlen für das Elastosil 401-10 bei zunehmender Düsenlänge 110
Tabelle 14: Deborah-Zahlen für verschiedene Festsilikonkautschuke bei zunehmendem Durchmesser, abnehmendem Verhältnis von D_R/D_K sowie konstantem L/D-Verhältnis 110
Tabelle 15: Oberflächen- und Volumendefekte in Abhängigkeit verschiedener Extrusionswerkzeuge (Einordung der Defekte siehe Tabelle 7- Seite 61) 121
Tabelle 16: Auftretende Oberflächendefekte bei konstantem L/D-Verhältnis und abnehmendem DR/DK-Verhältnis (Einordung der Defekte siehe Tabelle 7- Seite 61) 122
Tabelle 17: Teilfaktorieller Versuchsplan mit codierten Einheiten XXXIX
Tabelle 18: Teilfaktorieller Versuchsplan von Elastosil 401-30 mit absoluten Werten XL
Tabelle 19: Teilfaktorieller Versuchsplan von Synersil 109011 mit absoluten Werten XLI
Tabelle 20: Teilfaktorieller Versuchsplan von Elastosil 401-60 mit absoluten Werten XLII

Literaturangaben

[1] Röthemeyer, F. u. Sommer, F.: Kautschuk-Technologie. Werkstoffe, Verarbeitung, Produkte. München: Hanser 2013

[2] Bogun, M.: Untersuchungen zur kontinuierlichen Herstellung von Kautschukmischungen basierend auf Rubber/Filler-Composites am Doppelschneckenextruder. Dissertation. Halle 2005

[3] Ceresana eK: Marktstudie Silikone. http://www.ceresana.com/de/marktstudien/kunststoffe/silikone/, abgerufen am: 09.10.2017

[4] International Rubber Study Group.: Weltweiter Verbrauch von Natur- und synthetischem Kautschuk in den Jahren 1990 bis 2015 (in 1.000 Tonnen). https://de.statista.com/statistik/daten/studie/200677/umfrage/weltweiter-verbrauch-von-natur-und-synthetischem-kautschuk-seit-1990/, abgerufen am: 10.10.2017

[5] Wirtschaftsverband der deutschen Kautschukindustrie e.V.: Kautschukverbrauch in Deutschland nach Verwendungszwecken in den Jahren 2009 bis 2016 (in 1.000 Tonnen). https://de.statista.com/statistik/daten/studie/182195/umfrage/kautschukverbrauch-in-deutschland-seit-2009/, abgerufen am: 10.10.2017

[6] Limper, A., Barth, P. u. Grajewski, F.: Technologie der Kautschukverarbeitung. München: Hanser 1989

[7] SKZ Würzburg: Fester und flüssiger Silikonkautschuk: Eigenschaften, Verarbeitung, Qualitätssicherung. 1991

[8] Crawford, B., Doherty, A. P., Spedding, P. L., Herron, W. u. Proctor, M.: Constitutive relations for the extrusion of siloxane gum and silicone rubber. Asia-Pacific Journal of Chemical Engineering 5 (2010) 6, S. 895–901

[9] Brockhaus, S.: Theoretische und experimentelle Untersuchungen zum Temperatur- und Durchsatzverhalten von Kautschukextrudern, Universität Paderborn Dissertation. Paderborn 2017

[10] Crawford, B., Doherty, A. P., Spedding, P. L., Herron, W. u. Proctor, M.: Viscosity of siloxane gum and silicone rubbers. Asia-Pacific Journal of Chemical Engineering 5 (2010) 6, S. 882–894

[11] Jerschow, P. (Hrsg.): Silicone Elastomers. Rapra Review Reports. Rapra Review Reports, Vol. 12, No. 5. Shrewsbury: Smithers Rapra Pub 2001

[12] Limper, A. u. Schramm, D.: Better Process Description for the Extrusion of Silica and Carbon Black Compounds. Rubber Chemistry and Technology 74 (2001) 5, S. 899–914

[13] BIW Isolierstoffe GmbH: Produkte. https://www.biw.de/silicon-extrusion/, abgerufen am: 09.10.2017

[14] Raumedic AG: Produkte. https://www.raumedic.com/de/impressum/, abgerufen am: 09.10.2017

[15] M + S Silicon GmbH & Co KG: Produkte. http://www.ms-silicon.de/ms-sil/team-ms-silicon/, abgerufen am: 09.10.2017

[16] Rauwendaal, C., Gramann, P., Davis, B. u. Osswald, T. A.: Polymer extrusion. Munich: Hanser Publications 2014

[17] Michaeli, W.: Extrusionswerkzeuge für Kunststoffe und Kautschuk. Bauarten, Gestaltung und Berechnungsmöglichkeiten. München: Hanser 2009

[18] Müllner, H. u. Eberhardsteiner, J.: Experimental Investigation and identification of material parameters for rubber blends

[19] Müllner, H., Eberhardsteiner, J. u. Fidi, W.: Rheological characterization of the die swell phenomenon of rubber compounds. Polymer Testing 26 (2007) 8, S. 1041–1048

[20] Müllner, H., Wieczorek, A. u. Eberhardsteiner, J.: Experimental Determination of Shear-Thinning Behaviour During Extrusion of Rubber Blends. Strain 47 (2011) 2, S. 162–172

[21] Hopmann, C. u. Michaeli, W.: Einführung in die Kunststoffverarbeitung. München: Hanser 2015

[22] Fattmann, G.: Praktische Rheometrie wandgleitender Polymere, Universität Paderborn Dissertation. Paderborn 2007

[23] Dow Corning GmbH: Extrusion of Xiameter High-Consistency Silicone Rubber. https://krayden.com/pdf/xia_extrusion_fabrication_guide.pdf, abgerufen am: 16.10.2018

[24] Tylor, T.: A processing guide to silicone rubber extrusions, 1998. https://www.thefreelibrary.com/A+processing+guide+to+silicone+rubber+extrusions.-a021159375, abgerufen am: 16.10.2018

[25] Limper, A.: Methoden zur Abschätzung der Betriebsparameter bei der Kautschukextrusion, RWTH Aachen Dissertation. Aachen 1985

[26] Lehnen, J. P.: Beitrag zur Verarbeitung von Kautschukmischungen auf Einschnecken-Extrudern. Doctoral dissertation. 1970

[27] DIN ISO 1629; 11/2004. *Kautschuk und Latices–Nomenklatur*, abgerufen am: 10.10.2017

[28] Ackermann, J., Damrath, V. u. Schliebs, R.: Chemie und Technologie der Silicone I. Chemie in unserer Zeit 21 (1989 // 1987) 4, S. 121–127

[29] Ackermann, J. u. Damrath, V.: Chemie und Technologie der Silicone II. Herstellung und Verwendung von Siliconpolymeren. Chemie in unserer Zeit 23 (1989) 3, S. 86–99

[30] Noll, W.: Chemie und Technologie der Silicone. Weinheim: Verlag Chemie GmbH 1968

[31] Briquet, F., Colas, A. u. Thomas, X.: Silikone in der Medizin. 1996

[32] Noll, W.: Zur Chemie und Technologie der Silicone. Angewandte Chemie 66 (1954) 2, S. 41–64

[33] Saechtling, H. J. u. Baur, E.: Saechtling Kunststoff-Taschenbuch Ausg. 31. Saechtling Kunststoff-Taschenbuch (2013)

[34] Shit, S. u. Shah, P.: A Review on Silicone Rubber. National Academy Science Letters 36 (2013) 4, S. 355–365

[35] Andre C. u. Jim C.: Silicone Biomaterials: History and Chemistry, 2005. http://www.pentasil.eu/images/Silicone%20Biomaterials.pdf, abgerufen am: 06.03.2019

[36] Sitz, S.: Extrusion von physikalisch geschäumten Profilen aus Siliconkautschuk, RWTH Aachen Dissertation. Aachen 2015

[37] Christen, D.: Praxiswissen der chemischen Verfahrenstechnik. Handbuch für Chemiker und Verfahrensingenieure. (VDI-Buch) Chemische Technik Verfahrenstechnik. Berlin: Springer 2005

[38] Yoo, S. H., Cohen, C. u. Hui, C. Y.: Mechanical and swelling properties of PDMS interpenetrating polymer networks. Polymer 47 (2006) 17, S. 6226–6235

[39] Ledig, B.: Medizinische Anwendungen für extrudierte Silikonkautschuke. In: Verein Deutscher Ingenieure (Hrsg.): Hightech-Extrusion für Medizintechnik und Pharmazie, S. 1–10

[40] Colas, A., Malczewski, R. u. Ulman, K.: Silicone Tubing for Pharmaceutical Processing. https://pdfs.semanticscholar.org/5464/3ff1e7683844c58cc733373038ab36bf909b.pdf, abgerufen am: 16.10.2018

[41] Funk, A.: Charakterisierung von Festsiliconkautschuken für die Verarbeitung im Extrusionsblasformprozess. Characterisation of solid silicone rubbers for the processing in the extrusion blow molding process. IKV-Berichte aus der Kunststoffverarbeitung, Band 258. Aachen: Verlagsgruppe Mainz GmbH Aachen 2015

[42] Edwards, D. C.: Polymer-filler interactions in rubber reinforcement. Journal of Materials Science 25 (1990) 10, S. 4175–4185

[43] Levresse, P., Feke, D. L. u. Manas-Zloczower, I.: Analysis of the formation of bound poly(dimethylsiloxane) on silica. Polymer 39 (1998) 17, S. 3919–3924

[44] Schaer, E., Gagnard, C., Choplin, L. u. Canpont, D.: Experimental tracking of silica dispersion into silicone polymer. Powder Technology 168 (2006) 3, S. 156–166

[45] Jayasuriya, C. K. u. Premachandra, J. K.: Properties of Polymers Reinforced with Silica. In: Mark, J. (Hrsg.): Physical Properties of Polymers Handbook. New York, NY: Springer New York 2007, S. 551–560

[46] Paul, D. u. Mark, J.: Fillers for polysiloxane ("silicone") elastomers. Progress in Polymer Science 35 (2010) 7, S. 893–901

[47] Kong, S. M., Mariatti, M. u. Busfield, J. J. C.: Effects of types of fillers and filler loading on the properties of silicone rubber composites. Journal of Reinforced Plastics and Composites 30 (2011) 13, S. 1087–1096

[48] Rattanasom, N., Saowapark, T. u. Deeprasertkul, C.: Reinforcement of natural rubber with silica/carbon black hybrid filler. Polymer Testing 26 (2007) 3, S. 369–377

[49] Ansarifar, A., Azhar, A., Ibrahim, N., Shiah, S. F. u. Lawton, J.: The use of a silanised silica filler to reinforce and crosslink natural rubber. International Journal of Adhesion and Adhesives 25 (2005) 1, S. 77–86

[50] Prasertsri, S. u. Rattanasom, N.: Fumed and precipitated silica reinforced natural rubber composites prepared from latex system. Mechanical and dynamic properties. Polymer Testing 31 (2012) 5, S. 593–605

[51] Evonik Industries: Aerosil pyrogene Kieselsäure - Technischer Überblick. https://www.aerosil.com/sites/lists/RE/DocumentsSI/AEROSIL-technical-overview-DE.pdf, abgerufen am: 16.10.2018

[52] Hernández-Ortiz, J. P. u. Osswald, T. A.: Modeling processing of silicone rubber. Liquid versus hard silicone rubbers. Journal of Applied Polymer Science 119 (2011) 3, S. 1864–1871

[53] Lopez, L. M., Cosgrove, A. B., Hernandez-Ortiz, J. P. u. Osswald, T. A.: Modeling the vulcanization reaction of silicone rubber. Polymer Engineering & Science 47 (2007) 5, S. 675–683

[54] Wacker Chemie AG: Fest- und Flüssigsiliconkautschuk - Ein Leitfaden für die Praxis. https://www.wacker.com/cms/media/publications/downloads/6709_DE.pdf, abgerufen am: 06.30.2019

[55] Walde, H.: Beitrag zum vollautomatischen Spritzgießen von Flüssigsilikonkautschuk. Basics of automatic injection moulding of liquid silicone rubber, RWTH Aachen Dissertation. Aachen 1996

[56] Henze, E. K.: Verarbeitung von Flüssigsilikonkautschuk (LSR) zu technischen Formteilen. Processing of liquid silicone rubber (LSR) into technical mouldings. Technisch-wissenschaftlicher Bericht des Instituts für Kunststoffverarbeitung an der Rheinisch-Westfälischen Technischen Hochschule Aachen, Bd. 100. Aachen: Mainz 2000

[57] Ronnewinkel, C.: Mehrkomponentenspritzgiessen von Flüssigsilikon-Thermoplast-Verbundbauteilen. Multi-component injection moulding of liquid silicone rubber, thermoplastic combinations, RWTH Aachen Dissertation. Aachen 2001

[58] Dluzneski, P.: Peroxide Vulcanization of Elastomers. Rubber Chemistry and Technology 74 (2001) 3, S. 451–492

[59] Schramm, T.: Untersuchungen zum rheologischen Verhalten von Kautschukmischungen. Auswirkungen auf das Prozessverhalten in Extruder und Werkzeug. In: Verein Deutscher Ingenieure (Hrsg.): Mischen, Extrudieren, Spritzgießen. Düsseldorf: VDI Verlag GmbH 2004, S. 153–193

[60] Kruzelak, J., Sykora, R. u. Hudec, I.: Ein Überblick zur Vulkanisation von Kautschukmischungen mit Peroxidsystemen - Teil 1. GAK (2017), S. 452–461

[61] Delebecq, E. u. Ganachaud, F.: Looking over Liquid Silicone Rubbers: (1) Network Topology vs Chemical Formulations. ACS Applied Materials & Interfaces 4 (2012) 7, S. 3340–3352

[62] Delebecq, E., Hermeline, N., Flers, A. u. Ganachaud, F.: Looking over liquid silicone rubbers: (2) mechanical properties vs network topology. ACS applied materials & interfaces 4 (2012) 7, S. 3353–3363

[63] Patzke, J. u. Wohlfarth, E.: Vernetzungssysteme beim Siliconkautschuk. Chemiker-Zeitung (1973) 4, S. 176–180

[64] Marciniec, B.: Comprehensive Handbook on Hydrosilylation. Burlington: Elsevier Science 2013

[65] Heiner, J., Stenberg, B. u. Persson, M.: Crosslinking of siloxane elastomers, S. 253–257

[66] Bayer AG: Silicone - Chemie und Technologie. Symposium am 28. April 1989. 1989

[67] Baquey, G., Moine, L., Degueil-Castaing, M., Lartigue, J. C. u. Maillard, B.: Decomposition of Di- tert -butyl Peroxide in Siloxane. An Approach of the Free Radical Cross-Linking of Silicones. Macromolecules 38 (2005) 23, S. 9571–9583

[68] Kruzelak, J., Sykora, R. u. Hudec, I.: Ein Überblick zur Vulkanisation und Vernetzung von Kautschukmischungen mit Peroxidsystemen - Teil 2. In: GAK

[69] Kruzelak, J., Sykora, R. u. Hudec, I.: Ein überblick zur Vulkanisation von Kautschukmischungen mit Peroxidsystemen - Teil 2. GAK (2017), S. 508–514

[70] Häuser. T.: Herstellung von physikalisch geschäumten Flüssigsilikonbauteilen im Spritzgießprozess, RWTH Aachen Dissertation. Aachen 2011

[71] Nijhof, L. u. Cubera, M.: Peroxide crosslinking of silicone compounds, 2000. http://www.rubbernews.com/article/20010723/ISSUE/307239979?template=printart, abgerufen am: 11.10.2017

[72] Limper, A.: Mixing of rubber compounds. München: Hanser 2012

[73] Da Hao: Kontinuierliche Aufbereitung von Silica gefüllten Kautschukmischungen im Doppelschneckenextruder, RWTH Aachen Dissertation. Aachen 2015

[74] Westermann, K.: Extrusion von physikalisch geschäumten Kautschukprofilen, RWTH Aachen Dissertation. Aachen 2009

[75] Michaeli, W., Westermann, K. u. Sitz, S.: Extrusion of physically foamed rubber profiles. Journal of Cellular Plastics 47 (2011) 5, S. 483–495

[76] Limper, A.: Verfahrenstechnik der Kautschukverarbeitung von der Mischungsherstellung Verfahrenstechnik der Verfahrenstechnik der Kautschukverarbeitung von der Mischungsherstellung zum Endprodukt am Beispiel der Extrusion, RWTH Aachen Habitilationsschrift 1991

[77] Tomanek, A.: Silicones & industry. A compendium for practical use, instruction and reference. Munich: Hanser u.a 1991

[78] Verheyen, F., Giesen, R. U. u. Heim, H. P.: Influence of Different Types and amounts of crosslinking agent on the curing process of silicone rubber. Journal of Plastics Technology (2017) 13, S. 233–253

[79] Köster, L., Perz, H. u. Tsiwikis, G.: Praxis der Kautschukextrusion. München: Hanser 2007

[80] Harms, E.: Kautschuk-Extruder. Aufbau und Einsatz aus verfahrenstechnischer Sicht. Buchreihe "Kunststofftechnik", Bd. 2. Mainz: Krausskopf 1974

[81] Uth GmbH: Fine Mesh Straining. Sortiment & Zubehör für den gesamten Bereich des Strainerns. roll-ex.de, abgerufen am: 31.07.2018

[82] White, J.: Screw extrusion. Science and technology. Progress in polymer processing. München: Hanser 2003

[83] Vondráček, P. u. Schätz, M.: Bound rubber and “crepe hardening” in silicone rubber. Journal of Applied Polymer Science 21 (1977) 12, S. 3211–3222

[84] Greif, H.: Technologie der Extrusion. Lern- und Arbeitsbuch für die Aus- und Weiterbildung. München, Wien: Hanser 2004

[85] Michaeli, W.: Extrusion von Kautschukprofilen mittels Direktbegasung mit überkritischem Stickstoff als physikalisches Treibmittel. AiF- Abschlussbericht. 2005

[86] Colmec SpA: Produkte. http://www.colmec.it, abgerufen am: 06.08.2018

[87] rubicon Gummitechnik und Maschinenbau GmbH: Technische Dokumentation: Small Scale-Silikonextrusionsanlage. 2015

[88] Seibel, S.: Vielfalt am laufenden Meter. Kunststoffe (2005) 12, S. 38–46

[89] Wolff, R.: Das unterschiedliche Schwellverhalten eines extrudierten Schmelzestranges bei Variation des Relaxationsspektrums. Rheologica Acta 22 (1983) 4, S. 380–386

[90] Wiessner, S.: Rheological Behavior and Rubber Processing. In: Kobayashi, S. u. Müllen, K. (Hrsg.): Encyclopedia of Polymeric Nanomaterials. Berlin, Heidelberg: Springer Berlin Heidelberg 2021, S. 1–10

[91] Waßner, E. u. Laun, H. M.: Extrusionsmassen aus rheologischer Sicht. Verhalten in der Düse. In: Verein Deutscher Ingenieure (Hrsg.): Das Extrusionswerkzeug. Leitfaden zur Gestaltung und Handhabung. Kunststofftechnik. Düsseldorf: VDI-Verlag 2000, S. 9–30

[92] Hill, A.: Die kontinuierliche Vulkanisation von Elastomerdichtprofilen. Stand der Technik und Neuentwicklungen. In: Verein Deutscher Ingenieure (Hrsg.): Spritzgiessen und Extrudieren von Elastomeren, S. 185–237

[93] Luther, S.: Vulkanisation. Möglichkeiten der Regelung und Qualitätsüberwachung. In: Verein Deutscher Ingenieure (Hrsg.): Mischen, Extrudieren, Spritzgießen. Düsseldorf: VDI Verlag GmbH 2004, S. 209–240

[94] AkzoNobel: Technisches Datenblatt: Perkadox PD-50S-ps. http://www.pcpds.akzonobel.com/PolymerChemicalsPDS/showPDF.aspx?pds_id=2159, abgerufen am: 16.10.2018

[95] AkzoNobel: Technisches Datenblatt: Perkadox BC-40S-PS. http://www.pcpds.akzonobel.com/PolymerChemicalsPDS/showPDF.aspx?pds_id=512, abgerufen am: 16.10.2018

[96] Gebhard S.: Einführung in die Rheologie und Rheometrie. Karlsruhe: Haake 1995

[97] Osswald, T. A. u. Rudolph, N.: Polymer rheology. Fundamentals and applications. München: Hanser 2013

[98] Pahl, M., Gleißle, W. u. Laun, H. M.: Praktische Rheologie der Kunststoffe und Elastomere. Kunststofftechnik. Düsseldorf: VDI-Verlag 1991

[99] Schröder, T.: Rheologie der Kunststoffe. Theorie und Praxis. München: Carl Hanser Verlag GmbH & Co. KG 2018

[100] Schramm, G.: Einführung in Rheologie und Rheometrie. Karlsruhe: Thermo Electron GmbH 2004

[101] Vinogradov, G. V., Protasov, V. P. u. Dreval, V. E.: The rheological behavior of flexible-chain polymers in the region of high shear rates and stresses, the critical process of spurting, and supercritical conditions of their movement at T > Tg. Rheologica Acta 23 (1984) 1, S. 46–61

[102] Müllner, H., Eberhardsteiner, J. u. Wieczorek, A.: Konstitutive Charakterisierung von Kautschukmischungen mit dem Hochdruckkapillarviskosimeter. PAMM 5 (2005) 1, S. 507–508

[103] Wiegreffe, S.: Einfluß des Wandgleitens auf das Extrudieren von Kautschukmischungen, Universität Hannover Dissertation. Hannover 1992

[104] Merten, A.: Untersuchungen zu Fließinstabilitäten bei der Extrusion von Polymeren mit der Laser-Doppler Anemometrie, Friedrich-Alexander-Universität Erlangen-Nürnberg. Nürnberg 2005

[105] Schramm, D.: Möglichkeiten und Grenzen einer verbesserten Prozessbeschreibung für Kautschukextruder. Polymerforschung in Paderborn, Bd. 5. Aachen: Shaker 2004

[106] Dick, J. u. Annicelli, R.: Rubber technology. Compounding and testing for performance. München: Hanser 2009

[107] Elgasri, S., Ayadi, A. u. Elhalouani, F.: Effect of die geometry on helical defect during extrusion of PDMS across a radial flow upstream the contraction. Journal of Non-Newtonian Fluid Mechanics 166 (2011) 23-24, S. 1415–1420

[108] Linhart, C.: Modifizierung von Kautschukmischungen mit funktionalisierten PTFE-Mikropulvern. Modification of rubber compounds with functionalised PTFE micro powders, . Aachen

[109] Liang, J.: Characteristics of melt shear viscosity during extrusion of polymers. Polymer Testing 21 (2002) 3, S. 307–311

[110] Driscoll, P. u. Bogue, D.: Pressure effects in polymer melt rheology. Journal of Applied Polymer Science 39 (1990) 8, S. 1755–1768

[111] Schöppner, V. u. Haberstroh, E.: Steigerung der Wirtschaftlichkeit in der Kautschukverarbeitung durch die Entwicklung schnelllaufender Kautschuk-Extrusionsanlagen. AiF-Abschlussbericht. 2015

[112] Yang, C. u. Li, Z.: A study of wall slip in the capillary flow of a filled rubber compound. Polymer Testing 37 (2014), S. 45–50

[113] Leblanc, J.: Rubber–filler interactions and rheological properties in filled compounds. Progress in Polymer Science 27 (2002) 4, S. 627–687

[114] Hornig, R.: Beschreibung mikro-rheologischer Vorgänge und resultierender Verbundstrukturen beim Elastomermischprozeß im Innenmischer durch rheologische Untersuchungen. 2009

[115] Uhland, E.: Modell zur Beschreibung des Fließens wandgleitender Substanzen durch Düsen. Rheologica Acta 15 (1976) 1, S. 30–39

[116] Crawford, B., Watterson, J. K., Spedding, P. L., Raghunathan, S., Herron, W. u. Proctor, M.: Wall slippage with siloxane gum and silicon rubbers. Journal of Non-Newtonian Fluid Mechanics 129 (2005) 1, S. 38–45

[117] Hopmann, C., Drach, M. u. Limantara, M.: Investigation of Wall Slippage in Silicone Coumpounds by means of High pressure Capillary Rheometer. KGK (2018) 06, S. 91–96

[118] Denn, M.: Extrusion Instabilities and Wall Slip. Annual Review of Fluid Mechanics 33 (2001) 1, S. 265–287

[119] El Kissi, N., Piau, J.-M. u. Toussaint, F.: Sharkskin and cracking of polymer melt extrudates. Journal of Non-Newtonian Fluid Mechanics 68 (1997) 2-3, S. 271–290

[120] Limper, A. u. Schramm, D.: Process Description for the Extrusion of Rubber Compounds - Development and Evaluation of a Screw Design Software. Macromolecular Materials and Engineering 287 (2002) 11, S. 824–835

[121] Göttfert GmbH: Berechnungsgrundlagen für Kapillarrheometer. 2015

[122] Müllner, H., Eberhardsteiner, J. u. Mackenzie-Helnwein, P.: Constitutive characterization of rubber blends by means of capillary-viscometry. Polymer Testing 28 (2009) 1, S. 13–23

[123] Hornig, B. u. Kielmann, J.: Schwingungsrheometrie vs. Hochdruck-Kapillarrheometrie. GAK (2014) 11, S. 708–719

[124] Hegler, R.-P. u. Mennig, G.: Untersuchungen zum Wandgleitverhalten von plastifiziertem Hart-PVC. Rheologica Acta 20 (1981) 6, S. 553–560

[125] Atwood, B. T. u. Schowalter, W. R.: Measurements of slip at the wall during flow of high-density polyethylene through a rectangular conduit. Rheologica Acta 28 (1989) 2, S. 134–146

[126] Liang, J.: A relationship between extrudate swell ratio and entry stored elastic strain energy during die flow of tyre compounds. Polymer Testing 23 (2004) 4, S. 441–446

[127] Herschbach, C.: Extrusion von thermoplastischen und elastomeren Werkstoffen. Rechnergestützte Auslegung von Extruder und Werkzeug, RWTH Aachen Dissertation. Aachen 1994

[128] Liang, J.: Effects of extrusion conditions on die-swell behavior of polypropylene/diatomite composite melts. Polymer Testing 27 (2008) 8, S. 936–940

[129] Han, C. u. Kim, K.: Influence of reservoir diameter on the melt elasticity in capillary flow. Polymer Engineering & Science 11 (1971) 5, S. 395–400

[130] Bonten, C.: Kunststofftechnik. [S.l.]: Carl Hanser Verlag GmbH & Co. KG 2016

[131] Malkin, A. Y., Baranov, A. V. u. Vickulenkova, M. E.: Experimental estimation of wall slip for filled rubber compounds. Rheologica Acta 32 (1993) 2, S. 150–155

[132] Liang, J.: Effect of the die angle on the extrusion swell of rubber compound. Journal of Materials Processing Technology 52 (1995) 2-4, S. 207–212

[133] Petrie, C. u. Denn, M.: Instabilities in polymer processing. AIChE Journal 22 (1976) 2, S. 209–236

[134] Perko, L., Friesenbichler, W., Obendrauf, W., Buchebner, V. u. Chaloupka, G.: Elongational viscosity of rubber compounds and improving corresponding models. Advances in Production Engineering & Management 8 (2013) 2, S. 126–133

[135] Cogswell, F. N.: Converging flow of polymer melts in extrusion dies. Polymer Engineering and Science 12 (1972) 1, S. 64–73

[136] Liang, J.: Estimation of die-swell ratio for polymer melts from exit pressure drop data. Polymer Testing 20 (2000) 1, S. 29–31

[137] Dealy, J.: Weissenberg and Deborah Numbers. Their Definition and Use. Rheology Bulletin (2010), 14-18

[138] Rao, N.: Formeln der Kunststofftechnik. München, Wien: Hanser 1989

[139] Langela, M.: Struktur und rheologische Eigenschaften von PS-PI und PS-PB Blockcopolymeren. 2001

[140] Geiger, K., Grünschloß, E., Martin, G. u. Platz, E.: Scher- und Dehndeformationen von Kunststoffschmelzen im Keilspalt. Chemie Ingenieur Technik 85 (2013) 12, S. 1904–1913

[141] Zucht, A.: Experimentelle Untersuchung reibungsbehafteter Strömungen in einer teilgefüllten rotierenden Trommel. 2011

[142] Wrana, C.: Polymerphysik. Berlin: Springer Berlin 2014

[143] Couch, M. u. Binding, D.: High pressure capillary rheometry of polymeric fluids. Polymer 41 (2000) 16, S. 6323–6334

[144] Devine, F. E.: Reservoir effects in the extrusion rheometry of compounded rubbers. Journal of Applied Polymer Science 9 (1965) 1, S. 369–375

[145] Hinkelmann, B.: Zum Fließverhalten glasfasergefüllter Thermoplastschmelzen im stationären und instationären Bereich. Rheologica Acta 20 (1981) 6, S. 561–568

[146] Miller, E. u. Rothstein, J.: Control of the sharkskin instability in the extrusion of polymer melts using induced temperature gradients. Rheologica Acta 44 (2004) 2, S. 160–173

[147] Liang, J.: Investigation on unsteady flow during capillary extrusion of rubber compounds. Journal of Materials Processing Technology 66 (1997) 1-3, S. 97–100

[148] Legrand, F. u. Piau, J. M.: Spatially resolved stress birefringence and flow visualization in the flow instabilities of a polydimethylsiloxane extruded through a slit die. Journal of Non-Newtonian Fluid Mechanics 77 (1998) 1-2, S. 123–150

[149] Ayadi, A., Elgasri, S., Mezghani, A., Castro, M. u. Elhaouani, F.: Effect of radial flow in the die entrance region on gross melt fracture of PDMS extrudate. Journal of Non-Newtonian Fluid Mechanics 166 (2011) 12-13, S. 661–666

[150] Son, Y. u. Migler, K.: Cavitation of polyethylene during extrusion processing instabilities. Journal of Polymer Science Part B: Polymer Physics 40 (2002) 24, S. 2791–2799

[151] Arda, D. R. u. Mackley, M. R.: The effect of die exit curvature, die surface roughness and a fluoropolymer additive on sharkskin extrusion instabilities in polyethylene processing. Journal of Non-Newtonian Fluid Mechanics 126 (2005) 1, S. 47–61

[152] Hatzikiriakos, S.: On numerical Simulations of Polymer Extrusion Instabilities

[153] Barone, J. u. Wang, S.-Q.: Flow birefringence study of sharkskin and stress relaxation in polybutadiene melts. Rheologica Acta 38 (1999) 5, S. 404–414

[154] Himmel, T.: Über die Wirkung thermoplastischer Elastomere als Additive zur Unterdrückung des Sharkskin-Effekts, TU Berlin Dissertation. Berlin 2013

[155] Noriega Escobar, M. u. Rauwendaal, C.: Troubleshooting the extrusion process. A systematic approach to solving plastic extrusion problems. Munich [u.a.]: Hanser 2010

[156] Piau, J. M., El Kissi, N., Toussaint, F. u. Mezghani, A.: Distortions of polymer melt extrudates and their elimination using slippery surfaces. Rheologica Acta 34 (1995) 1, S. 40–57

[157] El Kissi, N., Piau, J. M., Attané, P. u. Turrel, G.: Shear rheometry of polydimethylsiloxanes. Master curves and testing of Gleissle and Yamamoto relations. Rheologica Acta 32 (1993) 3, S. 293–310

[158] Hallmann, T.: Untersuchung des Prozessverhaltens neuartiger Einzugszonen-Konzepte für Kautschukextruder. Schriftenreihe / Institut für Leichtbau mit Hybridsystemen. Aachen: Shaker 2013

[159] Shim, S. E. u. Isayev, A. I.: Rheology and structure of precipitated silica and poly(dimethyl siloxane) system. Rheologica Acta 43 (2004) 2, S. 127–136

[160] Sedlacek, T., Zatloukal, M., Filip, P., Boldizar, A. u. Saha, P.: On the effect of pressure on the shear and elongational viscosities of polymer melts. Polymer Engineering and Science 44 (2004) 7, S. 1328–1337

[161] Dewimille, L., Bresson, B. u. Bokobza, L.: Synthesis, structure and morphology of poly(dimethylsiloxane) networks filled with in situ generated silica particles. Polymer 46 (2005) 12, S. 4135–4143

[162] Reincke, K.: Elastomere Werkstoffe - Zusammenhang zwischen Mischungsrezeptur, Struktur und mechanischen Eigenschaften sowie dem Deformations- und Bruchverhalten. Berichte aus der Kunststofftechnik. Herzogenrath: Shaker 2016

[163] Hage, C. u. Aichele, W.: Scherfließen und Wandgleiten von Massen für den Pulverspritzguss. Chemie Ingenieur Technik 87 (2015) 5, S. 609–617

[164] Göttfert, A., Reher, E. O. u. Balagula, I. M.: Kapillarrheometer für die Kunststoffverarbeitung. Simulation rheologischer Prozesse. KGK 2000 9, S. 512–517

[165] Black, W. u. Graham, M.: Wall-Slip and Polymer-Melt Flow Instability. Physical review letters 77 (1996) 5, S. 956–959

[166] Soltani, S. u. Abbasi Sourki, F.: Effect of carbon black type on viscous heating, heat build-up and relaxation behaviour of SBR compounds. Iranian Polymer Journal 8 (2005) 14, S. 745–751

[167] Karrabi, M. u. Mohammadian-Gezaz, S.: Study of the cure characteristics and viscoelastic behavior of styrene-butadiene rubber compounds by using a rubber process analyzer. Journal of Vinyl and Additive Technology 25 (2010), 209-216

[168] Müller, M.: Einflußgrößen der Verstärkung elastomerer Werkstoffe durch polymere und klassische Füllstoffe, Universität Hannover Dissertation. Hannover 2002

[169] Pelz, P.: Rheologie der Kautschukmischungen. In: Hempel, J. (Hrsg.): Schwingungstechnik für Automobile. Weinheim: Vibracoustic 2002, S. 1–25

[170] Dick, J. S.: How to improve rubber compounds. 1800 experimental ideas for problem solving. Munich: Hanser [u.a.] 2014

[171] Uhl, C.: Entwicklung und Charakterisierung von Elastomerkompositen auf Basis neuerer mikro- und nanoskaliger Füllstoffe, TU Dresden Dissertation. Dresden 2007

[172] Hong, I. K. u. Lee, S.: Cure kinetics and modeling the reaction of silicone rubber. Journal of Industrial and Engineering Chemistry 19 (2013) 1, S. 42–47

[173] Akiba, M.: Vulcanization and crosslinking in elastomers. Progress in Polymer Science 22 (1997) 3, S. 475–521

[174] Class, J. B. u. Grasso, R. P.: The Efficiency of Peroxides for Curing Silicone Elastomers. Rubber Chemistry and Technology 66 (1993) 4, S. 605–622

[175] Verheyen, F., Giesen, R.-U. u. Heim, H.-P.: Mechanical Properties of Polydimethylsiloxane as a Function of the Amount and Type of Crosslinking Agent. International Polymer Processing 32 (2017) 3, S. 337–342

[176] Diao, S., Dong, F., Meng, J., Ma, P., Zhao, Y. u. Feng, S.: Preparation and properties of heat-curable silicone rubber through chloropropyl/amine crosslinking reactions. Materials Chemistry and Physics 153 (2015), S. 161–167

[177] Rinnbauer, M.: Technische Elastomerwerkstoffe. Basis für Hightech-Lösungen in der Dichtungs- und Schwingungstechnik. Die Bibliothek der Technik (BT), Bd. 293. München: Verl. Moderne Industrie 2006

[178] Zaimova, D., Bayraktar, E. u. Dishovsky, N.: State of Cure Measurements by different techniques in elastomeric composites. Journal of the University of Chemical Technology and Metallurgy 45 (2010) 3, S. 261–264

[179] Ziegler, J.: Beeinflussung der Polymer-Füllstoff-Wechselwirkung durch Oberflächenmodifizierung von Füllstoffen, Universität Hannover Dissertation. Hannover 2004

[180] DIN 53529 - Teil 2; 1983. *Vulkametrie - Bestimmung des Vulkanisationsverlaufes und reaktionskinetische Auswertung von Vernetungsisothermen*

[181] Roşu, D., Caşcaval, C., Mustaţă, F. u. Ciobanu, C.: Cure kinetics of epoxy resins studied by non-isothermal DSC data. Thermochimica Acta 383 (2002) 1-2, S. 119–127

[182] Säwe, M.: Untersuchung zur Schwefelvernetzung von Polydienen mit Benzothiazolsulfenamiden, Universität Hannover Dissertation. Hannover 2007

[183] Leroy, E., Souid, A., Sarda, A. u. Deterre, R.: A knowledge based approach for elastomer cure kinetic parameters estimation. Polymer Testing 32 (2013) 1, S. 9–14

[184] Ember, E.: Rutheniumkatalysierte Hydrosilylierung von Kohlendioxid

[185] Montech Rubber Testing Instruments GmbH: D-MDR 3000. Application Manual. 2006

[186] Hauser, R. L., Walker, C. u. Kilbourne, F. L.: Swelling of Silicone Elastomers. Industrial & Engineering Chemistry 48 (1956) 7, S. 1202–1208

[187] Heinz, M., Vennemann, N. u. Wu, M.: Bestimmung der Vernetzungsdichte silicagefuellter Mischungen mit Hilfe der TSSR. GAK 70 (2017) 02, S. 109–113

[188] AkzoNobel: Crosslinking Elastomers and Thermoplastics. Organic Peroxides and Auxiliaries, 2010. http://www.synergistixindia.com/Crosslinking_elastomers_and_thermoplastics_Low-res_protected_March_2010.pdf, abgerufen am: 16.10.2018

[189] Warley, R. L., Feke, D. L. u. Manas-Zloczower, I.: Effect of peroxide crosslinking on the dynamic modulus of silicone rubber. Journal of Applied Polymer Science 97 (2005) 4, S. 1504–1512

[190] Cannon, A., Toub, M. u. King, M.: Extrusion of low friction and low tack microstructured surfaces on silicone rubber

[191] DIN 53529. *Vulkametrie - Bestimmung des Vulkanisationsverlaufes und reaktions-kinetische Auswertung von Vernetzungsisothermen*

[192] Kleemann, W. u. Weber, K.: Formeln und Tabellen für die Elastomerverarbeitung. Gupta Verlag 1994

[193] Hopmann, C., Lemke, F. u. Sitz, S.: Extrusion feinzelliger Siliconkautschukprofile mit physikalischen Treibmitteln. GAK (2014) 11, 703-707

[194] Kainth, S.: Die design for extrusion of plastic tubes and pipes. A practical guide. Munich: Hanser 2018

[195] Syrjälä, S. u. Aho, J.: Capillary rheometry of polymer melts — Simulation and experiment. Korea-Australia Rheology Journal 24 (2012) 3, S. 241–247

[196] Kamal, M. u. Nyun, H.: Capillary viscometry. A complete analysis including pressure and viscous heating effects. Polymer Engineering and Science 20 (1980) 2, S. 109–119

[197] Limper, A. u. Wilhelmsmeyer, T.: Prozessanalyse des Plastifizierens von Kautschukmischungen mittels Zahnradpumpen. Teil 1. KGK 56 (2003) 1-2, S. 16–22

[198] Kohlgruber, K.: Der gleichläufige Doppelschneckenextruder. Grundlagen, Technologien, Anwendungen. München: Carl Hanser Verlag GmbH & Co. KG 2016

[199] Grellmann, W. u. Seidler, S.: Kunststoffprüfung. München: Hanser 2011

[200] Dick, J., Harmon, C. u. Vare, A.: Quality assurance of natural rubber using the rubber process analyzer. Polymer Testing 18 (1999) 5, S. 327–362

[201] Zumbach Electronic AG: Technisches Datenblatt: ODAC 33 Trio, 2014. http://www.zumbach.com/pdf/Literature/ODAC/ODAC33TRIO_ODAC.007.0022.EN.pdf, abgerufen am: 16.10.2018

[202] Kleppmann, W.: Taschenbuch Versuchsplanung. Produkte und Prozesse optimieren. Hanser eLibrary. München: Hanser 2013

[203] Siebertz, K., van Bebber, D. u. Hochkirchen, T.: Statistische Versuchsplanung. Design of Experiments (DoE). VDI-Buch. Berlin: Springer Vieweg 2017

Anhang

zu Kapitel 5: Ermittlung des rheologischen Verhaltens von Festsilikonkautschuk

I. Verwendete Materialien und Methoden

a. Verwendete Materialien

Alle Materialien aus Tabelle 2 wurden zur Charakterisierung des rheologischen Verhaltens von Festsilikonkautschuken herangezogen.

b. Hochdruck-Kapillarrheometer

Zur Analyse des rheologischen Verhaltens diente ein Hochdruck-Kapillarrheometer RG 25 der Göttfert Werkstoffprüfmaschinen GmbH/Deutschland. Abbildung 89 zeigt den schematischen Aufbau eines Kapillarrheometers.

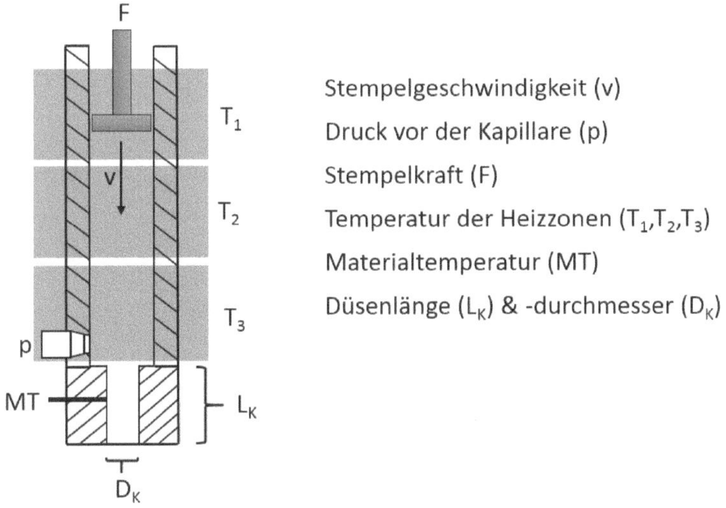

Abbildung 89: schematischer Aufbau eines Kapillarrheometers in Anlehnung an [121]

Abbildung 90 zeigt die Vorgehensweise bei der Charakterisierung von Polymeren mit Hilfe eines HKR. Die Korrekturen wurden analog zu [121] durchgeführt.

Abbildung 90: Vorgehensweise bei der Charakterisierung von Polymeren mit Hilfe eines HKR in Anlehnung an [122, 123]

Abbildung 91 zeigt eine Übersicht über die verwendeten Düsen. Die schwarzen Rahmen (horizontal) zeigen die Düsen einer Reihe, mit denen eine Bagley-Korrektur durchgeführt wurde. Zur Detektion von Wandgleiteffekten wurden die Düsen im schwarz gestrichelten Rahmen (vertikal) verwendet. Die restlichen Düsen komplementieren die rheologische Charakterisierung am HKR.

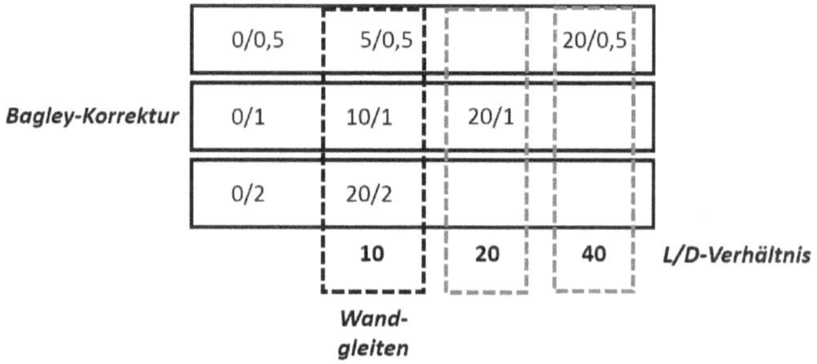

Abbildung 91: Verwendete Düsen (inkl. L/D-Verhältnis) am HKR zur Analyse des rheologischen Verhaltens

c. Rubber Process Analyzer

Zur Analyse der Relaxationszeit wurde ein D-RPA 3000 der Firma Montech Werkstoffprüfmaschinen GmbH/Deutschland eingesetzt [166]. Auf Basis der Spannungsrelaxation wurde der Silikonkautschuk definiert gedehnt (100 % Dehnung) und der Abfall des elastischen Momentes über der Prüfzeit (120 s) bei konstanter Prüftemperatur (30°C und 50°C) ermittelt. Das Drehmoment wurde mit einer Frequenz von 5 Hz aufgenommen. Zur besseren Vergleichbarkeit zwischen den untersuchten Materialien wurde der Abfall des Drehmomentes in Prozent angegeben und die charakteristische Relaxationszeit für die untersuchten Festsilikonkautschuke ermittelt.

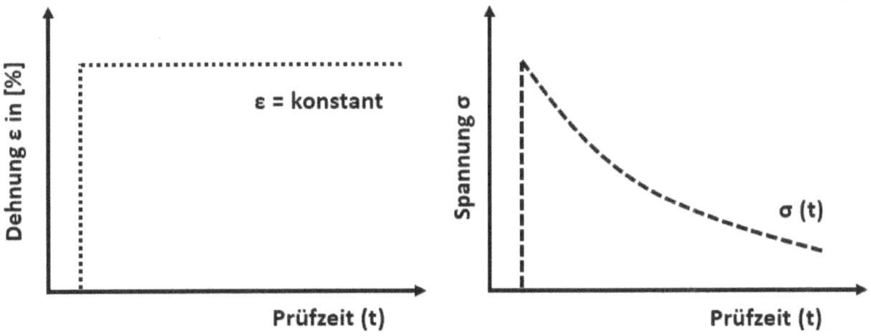

Abbildung 92: Spannungsrelaxation in Anlehnung an [199] gemessen mit einem D-RPA 3000 der Firma Montech Werkstoffprüfmaschinen GmbH

Zu Kapitel 6: Untersuchungen zum Vulkanisationsprozess

I. Verwendete Materialien und Methoden

a. Verwendete Materialien

In diesem Kapitel wurden die Festsilikonkautschuke aus Kapitel 4 mit verschiedenen Vernetzungssystemen mit Hilfe eines konischen Doppelschneckenmischers der Firma Colmec S.p.A./Italien mit den gleichen Prozessparametern gemischt. Eine Lagerung der Proben fand nicht statt.

Das DClBP wurde mit einem Anteil von 1,5 phr und das DCP mit einem Anteil von 0,7 phr eingemischt. Die Komponenten A und B des additionsvernetzenden Synersil 109011 wurden im Verhältnis 1:1 gemischt.

b. Rubber Process Analyzer

Zur Analyse des Reaktionsverlaufes werden üblicherweise Vulkameter eingesetzt [41, 72, 169, 177, 200]. Für die nachfolgenden Untersuchungen wurde ein D-RPA 3000 der Firma Montech Werkstoffprüfmaschinen GmbH/Deutschland verwendet. Die nachfolgende Abbildung 93 zeigt den schematischen Aufbau der Prüfkammer eines RPA: Aufgrund der geschlossenen Prüfkammer und des damit verbundenen Prüfdruckes werden Wandgleiteffekte verhindert [112]. Auf die Funktionsweise wird hier nicht näher eingegangen - weitere Informationen sind unter anderem bei [41, 185] zu finden. Im Allgemeinen eignen sich Rotationsrheometer zur Messung der Vernetzungskinetik, da das Drehmoment bei konstanter Scheramplitude ansteigt. Dieser Drehmomentanstieg ist direkt proportional zur Vernetzungsdichte [169].

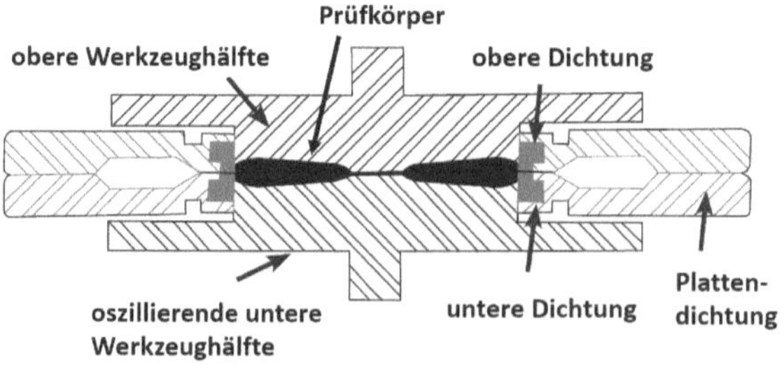

Abbildung 93: schematischer Aufbau der Prüfkammer des RPA in Anlehnung an [78, 185, 200]

Abbildung 94 zeigt beispielhaft eine Vulkanisationsisotherme. In Anlehnung an die DIN 53529 wurden die Inkubationszeit, TC 90 und die maximale Vernetzungsdichte ausgewertet. Alle Isothermen wurden mit einer Frequenz von 1,67 Hz und einer Amplitude von 1° erstellt. Die Vulkanisationstemperatur war während den Messungen konstant und variierte je nach Vernetzungssystem zwischen 90 und 210°C.

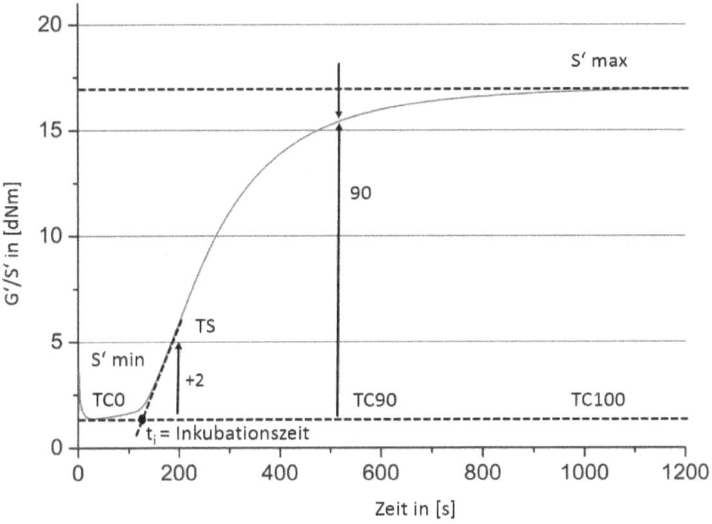

Abbildung 94: Vulkameterkurve inklusive ausgewählter Kennwerte in Anlehnung an DIN 53529

Bei allen Vulkanisationsisothermen wurde auf eine vollständige Vernetzung, welche sich in der Ausbildung eines Plateaus mit nahezu unverändertem Drehmoment widerspiegelt, geachtet.

Zu Kapitel 7: Identifikation der prozessseitigen Einflussparameter in der Extrusion

I. Verwendete Materialien und Methoden

a. Verwendete Materialien

In den nachfolgenden Ausführungen wurden drei Materialien verwendet: Elastosil R 401-30 S, Synersil 109011 und das Elastosil 401-60. Beide Elastosil-Typen wurden mit Hilfe von Peroxiden (DClBP) vernetzt. Das Synersil 109011 ist ein additionsvernetzendes System.

b. Angewendete Methoden und Maschinentechnik

<u>Extrusionslinie</u>

Alle Extrusionsversuche wurden auf einer vertikalen Silikonextrusionslinie EEK 32.12 S - 4/90SIR der Rubicon Gummitechnik und Maschinenbau GmbH/Deutschland durchgeführt. Wie in Abbildung 95 dargestellt, steht der Silikonextruder erhöht auf einer Plattform und ermöglicht mit Hilfe eines Umlenkwerkzeugs die vertikale Extrusion von oben nach unten. Der Vorteil dieser Anordnung besteht darin, dass das noch nicht ausvulkanisierte Material nach dem Verlassen des Werkzeugs aufgrund der fehlenden Formbeständigkeit nicht zusammenfällt und verklebt. Dies ist besonders bei großvolumigen Hohlprofilen von Vorteil – vgl. [7, 23].

Die Speisewalze dieses Glattrohrextruders wird mit streifenförmigem HCR beschickt. Die zweigängige Schnecke mit einem Durchmesser von 32 mm hat eine konstante Gangtiefe. Es findet keine Kompression statt. Der Extruder weist eine Länge von 12 D auf [87]. Der Extruder und das Umlenkwerkzeug, welches die eigentlichen Formgebungswerkzeuge trägt, werden aktiv mit Wasser gekühlt. Das Extrudat verlässt das Umlenkwerkzeug in einem Winkel von 90° nach unten und wird durch einen Infrarot-Tunnel (=IR-Tunnel) mit einer effektiven Strahlerlänge von 800 mm und einer Gesamtleistung der sechs kreisförmig angeordneten Strahler von 28,8 kW geführt. Am unteren Ende des Tunnels ist eine Durchhangregelung installiert, die die Einstellung eines definierten Durchhanges ermöglicht. Durch die Einstellung des Durchhanges zieht das nachgeschaltete Transportband das Extrudat schneller oder langsamer ab und steuert so die Höhe des Durchhanges. Je größer der Durchhang, desto mehr

Material zieht den unvulkanisierten Teil des Extrudates in die Länge und reduziert so dessen Austrittsquerschnitt [7].

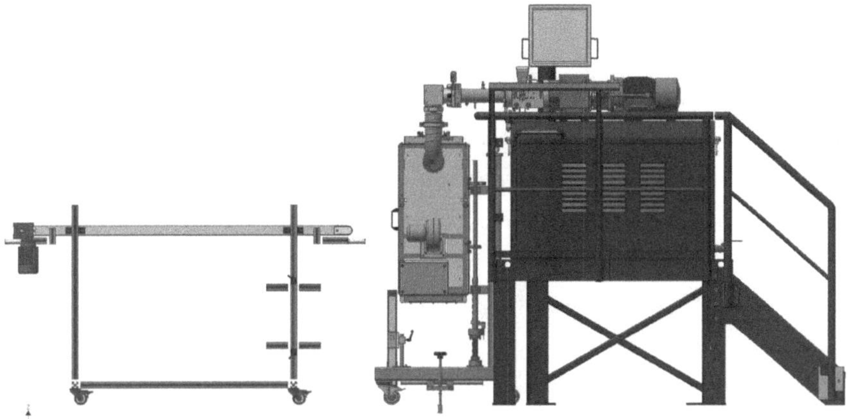

Abbildung 95: Laborsilikonextrusionslinie EEK 32.12 S - 4/90SIR der Rubicon Gummitechnik und Maschinenbau GmbH [87]

Alle Chargen wurden mit dem gleichen Werkzeug extrudiert: Es wurde ein fließoptimiertes Werkzeug zur Ausformung eines rotationssymmetrischen Vollprofiles verwendet. Das Verhältnis von Länge zu Durchmesser der Matrize beträgt 1,25 – siehe Abbildung 96: Länge 5 mm und Durchmesser 4 mm.

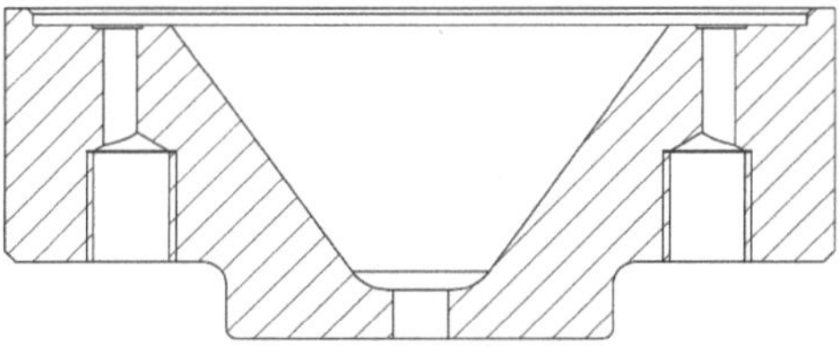

Abbildung 96: Fließoptimiertes Werkzeug mit einem L/D-Verhältnis von 1,25 und einem Außendurchmesser von 4 mm zur Herstellung eines kreisrunden Vollprofiles

Prozessüberwachung des Extruders

Alle Extrusionsversuche wurden unter Laborbedingungen durchgeführt. Es wurde auf ein ordnungsgemäßes Füttern des Extruders geachtet. Zu jedem Zeitpunkt der Versuche kam es zu einer Knetbildung im Einzugsbereich der Speisewalze. Ein etwaiges Unterfüttern wurde vermieden. Die Rohdaten des Extruders wurden vor jeder Auswertung auf Richtigkeit geprüft: Eine konstante Schneckendrehzahl sollte bei konstantem Werkzeug auch zu einem weitestgehend konstanten Druck über der Versuchscharge führen.

Erfassung der geometrischen Abmaße der Extrudate

Die geometrischen Abmessungen des Extrudates wurden je nach Versuchsaufbau nach Verlassen des IR-Tunnels (Kapitel 7) oder nach Austritt aus dem Werkzeug (Kapitel 8) gemessen und erfasst. Ein berührungsloses Messsystem, bestehend aus einem ODAC 33 Trio - einem triaxialen Messkopf der Firma Zumbach Electronic AG/Schweiz und der Software ODAC Online 32 von IPC/Deutschland, kam zum Einsatz. Das Messprinzip dieses drei-achsigen Messkopfes beruht auf der Verwendung von Lasertechnologie mit Laserdioden [201]. Der Gesamtdurchmesser wurde für jeden Messpunkt aus dem Mittelwert der einzelnen Durchmesserwerte pro Achse berechnet. Für jede Charge wurden so mehr als 1000 Messpunkte erfasst. Die Strangaufweitung wurde nach Formel 5-1 berechnet.

Erfassung der Extrudattemperatur

Die Temperatur des Extrudates wurde analog zur Erfassung der geometrischen Abmessungen nach Verlassen des IR-Tunnels (Kapitel 7) oder nach Verlassen des Werkzeuges im unvulkanisierten Zustand (Kapitel 8) erfasst. Die Temperatur wurde mit Hilfe einer IR-Kamera VARIOCAM detektiert und von der Software IRBIS 3 professional der Firma Infratec Infrarot Strahler GmbH/Deutschland ausgewertet.

c. Statistische Versuchsplanung

Mit Hilfe der statistischen Versuchsplanung wurde ein teilfaktorieller Versuchsplan mit fünf Faktoren und zwei Faktorstufen erstellt. Zudem wurde zweimal ein Zentralpunkt angefahren. Tabelle 17 gibt einen Überblick über den gesamten Versuchsaufbau mit codierten Einheiten. Wie bei der Versuchsplanung üblich wurden für jedes Versuchsmaterial vorab die Grenzen der Herstellbarkeit abgefahren und individuell angepasst. Das heißt, die Absolutwerte der eingestellten Parameter sind materialspezifisch und weichen voneinander ab. Im Anschluss an die Untersuchungen wurde der Versuchsplan mit der Software Minitab 17 der Firma Minitab Inc./USA evaluiert. Eine Varianzanalyse wurde durchgeführt, um die Normalverteilung zu überprüfen und die signifikanten Faktoren zu identifizieren. Die Signifikanzgrenze wird durch die p-Werte bestimmt, welche in dieser Studie bei 0,05 liegt. Die Korrelation der Variablen wird durch ein Regressionsmodell mit einer entsprechenden Gleichung dargestellt. Die Qualität des Modells wird durch das Bestimmtheitsmaß R^2 in [%] angegeben. Weitere Informationen zur statistischen Versuchsplanung sind unter anderem bei [202, 203] zu finden.

Tabelle 17: Teilfaktorieller Versuchsplan mit codierten Einheiten

Nummer	Durch-hang	Tunnel-höhe	Tunnel-Temperatur	Kühl-temperatur	Schnecken-drehzahl
[-]	[mm]	[mm]	[°C]	[°C]	[U/min]
1	0	0	0	0	0
2	-1	-1	-1	-1	1
3	1	-1	-1	-1	-1
4	-1	1	-1	-1	-1
5	1	1	-1	-1	1
6	-1	-1	1	-1	-1
7	1	-1	1	-1	1
8	-1	1	1	-1	1
9	1	1	1	-1	-1
10	-1	-1	-1	1	-1
11	1	-1	-1	1	1
12	-1	1	-1	1	1
13	1	1	-1	1	-1
14	-1	-1	1	1	1
15	1	-1	1	1	-1
16	-1	1	1	1	-1
17	1	1	1	1	1
18	0	0	0	0	0

Tabelle 18: Teilfaktorieller Versuchsplan von Elastosil 401-30 mit absoluten Werten

Nummer	Durchhang	Tunnel-höhe	Tunnel-temperatur	Kühl-temperatur	Schnecken-drehzahl
[-]	[mm]	[mm]	[°C]	[°C]	[U/min]
1	5	10	730	17,5	20
2	0	5	720	15	30
3	10	5	720	15	10
4	0	15	720	15	10
5	10	15	720	15	30
6	0	5	740	15	10
7	10	5	740	15	30
8	0	15	740	15	30
9	10	15	740	15	10
10	0	5	720	20	10
11	10	5	720	20	30
12	0	15	720	20	30
13	10	15	720	20	10
14	0	5	740	20	30
15	10	5	740	20	10
16	0	15	740	20	10
17	10	15	740	20	30
18	5	10	730	17,5	20

Tabelle 19: Teilfaktorieller Versuchsplan von Synersil 109011 mit absoluten Werten

Nummer	Durchhang	Tunnel-höhe	Tunnel-temperatur	Kühl-temperatur	Schnecken-drehzahl
[-]	[mm]	[mm]	[°C]	[°C]	[U/min]
1	5	10	740	17,5	20
2	0	5	720	15	30
3	10	5	720	15	10
4	0	15	720	15	10
5	10	15	720	15	30
6	0	5	760	15	10
7	10	5	760	15	30
8	0	15	760	15	30
9	10	15	760	15	10
10	0	5	720	20	10
11	10	5	720	20	30
12	0	15	720	20	30
13	10	15	720	20	10
14	0	5	760	20	30
15	10	5	760	20	10
16	0	15	760	20	10
17	10	15	760	20	30
18	5	10	740	17,5	20

Tabelle 20: Teilfaktorieller Versuchsplan von Elastosil 401-60 mit absoluten Werten

Nummer	Durchhang	Tunnel-höhe	Tunnel-temperatur	Kühl-temperatur	Schnecken-drehzahl
[-]	[mm]	[mm]	[°C]	[°C]	[U/min]
1	5	10	725	17,5	30
2	0	5	700	15	40
3	10	5	700	15	20
4	0	15	700	15	20
5	10	15	700	15	40
6	0	5	750	15	20
7	10	5	750	15	40
8	0	15	750	15	40
9	10	15	750	15	20
10	0	5	700	20	20
11	10	5	700	20	40
12	0	15	700	20	40
13	10	15	700	20	20
14	0	5	750	20	40
15	10	5	750	20	20
16	0	15	750	20	20
17	10	15	750	20	40
18	5	10	725	17,5	30

d. Analyse ausgewählter Eigenschaften

Extrudattemperatur

Die IR-Kamera VARIOCAM wurde auf Höhe des IR-Tunnelausgangs positioniert, um die Temperatur des Extrudates nach Verlassen des Tunnels zu erfassen (siehe Abbildung 59). Das Maximum der Extrudattemperatur wurde ermittelt. Der Mittelwert aus sechs Aufnahmen pro Charge wurde berechnet.

Ausstoß

Das Gewicht des Extrudates wurde analog zur Vorgehensweise bei [104] innerhalb eines festen Prüfintervalls durch Wiegen des Extrudates mit einer Standard-Laborwaage (Genauigkeit von 0,1 g) ermittelt und auf die Einheit [kg/h] hochgerechnet.

zu Kapitel 8: Entwicklung geeigneter Werkzeuge für den Extrusionsprozess

I. Verwendete Materialien und Methoden

a. Verwendete Materialien

Alle Materialien aus Tabelle 2 wurden zur Charakterisierung des rheologischen Verhaltens von Festsilikonkautschuken herangezogen.

b. Variation der Längen und Durchmesser-Verhältnisse

Zur Analyse geeigneter Werkzeugtechnik kommen verschiedene Blendenwerkzeuge mit unterschiedlichen L/D-Verhältnissen zum Einsatz. Die nachfolgende Abbildung 97 gibt eine Übersicht über die eingesetzten Extrusionswerkzeuge: Eine Reihe besteht aus Werkzeugen mit gleichem Durchmesser und zunehmender Werkzeuglänge (durchgezogener Rahmen); die zweite Reihe besitzt das gleiche L/D-Verhältnis und zunehmende Werkzeugdurchmesser (gestrichelter Rahmen).

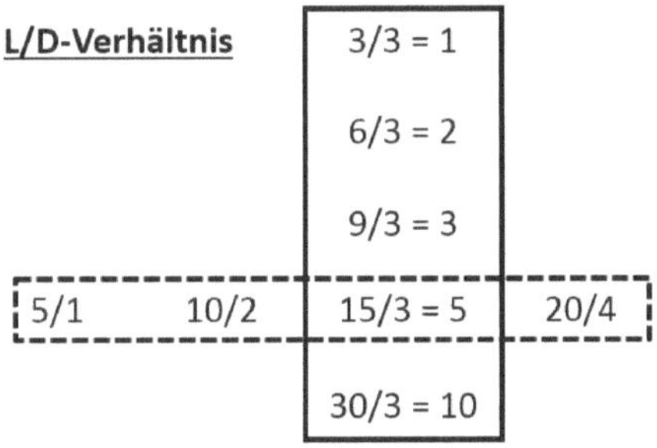

Abbildung 97: Übersicht der L/D-Verhältnisse der eingesetzten Lochscheiben-Werkzeuge

Lebenslauf

Persönliche Daten

Fabian Verheyen
Westerburgstraße 9
34119 Kassel

Heimatadresse:
Unterm Flecken 11
55566 Meddersheim

Geburtsdatum:	19.05.1985
Geburtsort:	Bad Kreuznach (Rheinland-Pfalz)

Schulbildung

08/1995 - 03/2004	Allgemeine Hochschulreife Emanuel-Felke-Gymnasium, Bad Sobernheim

Ausbildung

08/2006 – 01/2008	Ausbildung zum Industriekaufmann SIMONA AG, Kirn

Studium

03/2008 – 10/2011	Wirtschaftsingenieurwesen Abschluss: Bachelor of Science University of Applied Sciences, Jena
10/2011 – 12/2013	Wirtschaftsingenieurwesen Abschluss: Master of Science Universität Kassel, Kassel

Veröffentlichungen

Tagungsbeiträge

1. Feldmann, M.; Verheyen, F.; Heim, H.-P. (2014)
   Continuous-fiber-reinforced engineering thermoplastics from renewable raw materials – Processing and Properties.
   2nd Bioplastic Materials. Chicago/Ill, 01. Oktober 2014.
2. Verheyen, F.; Rüppel, A.; Heim, H.-P. (2014)
   LSR Analysis and comparison with reference to process parameters
   Silicone Elastomers - World Summit 2014. Vienna/Österreich, 03. – 04. Dezember 2014.
3. Verheyen, F.; Giesen, R.-U.; Heim, H.-P. (2015)
   Influence of the post-curing process on liquid silicone rubber
   31. PPS 2015. Jeju/Südkorea, 07. – 11. Juli 2015.
4. Giesen, R.-U.; Verheyen, F.; Heim, H.-P. (2015)
   Filled Liquid Silicone Rubber (LSR) to Increase the Mechanical Properties
   PPS 2015. Graz/Österreich, 21. – 25. September 2015.
5. Verheyen, F.; Aßmann, C.; Fahlbusch, R.; Giesen, R.-U.; Heim, H.-P. (2016)
   Analyzing the curing-process of liquid silicone rubber in respect of emissions and mechanical properties
   18th Conference Odour and Emissions of Plastic Materials. Kassel/Germany, 07.-08. März 2016.
6. Verheyen, F.; Heim, H.-P.; Giesen, R.-U. (2016)
   Characterizing the Rheological Behavior of Liquid Silicone Rubber Using a High Pressure Capillary Rheometer.
   ANTEC 2016 (SPE), Indianapolis, USA, 23.-25. Mai 2016
7. Verheyen, F.; Giesen, R.-U. und Heim, H.-P.
   Analysis of the extrusion process of silicone rubber.
   PPS Europe Africa Conference 2017, Dresden/Germany, 26. - 29. Juni 2017.
8. Giesen, R.-U.; Verheyen, F.; Rüppel, A.; Heim, H.-P.
   Modifikation von Festsilikonen mit Kieselsäuren,
   DGM Fachausschuss Polymerwerkstoffe, Dresden 08.11.2017
9. Verheyen, F.; Giesen, R.U. & Heim, H.P.
   The Extrusion Process of High Consistency Silicone Rubber
   Silicone Elastomers World Summit 2017, München, 28.-29. November 2017.
10. Verheyen, F.; Giesen, R.U. und Heim, H.P.
    Verarbeitung von Festsilikonkautschuk im Extrusionsprozess
    Elastomerforum 2018, Osnabrück/Deutschland, 01. März 2018.

11. Verheyen, F.; Giesen, R.U. und Heim, H.P.
    The Influence of different die geometries on the Extrusion Process of High-Consistency Silicone Rubber
    ANTEC 2019 (SPE), Detroit, USA, 18.-21. März 2019.

Posterbeiträge

1. Verheyen, F.; Volke, J.; Wude, M. Heim, H.-P. (2018)
   Analysis of the mixing process of silicone rubber
   DKT 2018, Nürnberg/Germany, 02.05.07.2018.

Veröffentlichungen in wissenschaftlichen Zeitschriften

1. Feldmann, M.; Verheyen, F.
   Impact Behavior of Continuous Biaxial Reinforced Composites Based on Bio-Polyamides and Man-Made Cellulose Fibres.
   Journal of the Polymer Processing Society, 31 (2016) 2, 198-206.
2. Verheyen, F., Giesen, R. U., & Heim, H. P.
   Mechanical Properties of Polydimethylsiloxane as a Function of the Amount and Type of Crosslinking Agent.
   International Polymer Processing, 32 (2017) 3, 337-342.
3. Verheyen, F., Giesen, R. U., & Heim, H.P.
   Influence of different types and amounts of crosslinking agent on the curing process of silicone rubber
   Journal of Plastics Technology, 13 (2017) 4, 233-253.
4. Heim, H.-P.; Giesen, R.-U.; Rüppel, A; Hartung, M.; Verheyen, F. (2018)
   Thermoplast-Silikon-Verbunde im Mehrkomponentenspritzguss herstellen
   Plastverarbeiter, 28.06.2018.

Betreute Abschlussarbeiten

Bei den nachfolgenden Abschlussarbeiten handelt es sich um unveröffentlichte Arbeiten am IfW, betreut durch Fabian Verheyen.

1. Cancar, D.
   Einfluss der Prozessparameter auf die mechanischen Eigenschaften von Flüssigsilikonkautschuk im Spritzgießverfahren
   Diplomarbeit II, 2014.
2. Sergienko, A.
   Konstruktion einer Abriebprüfmaschine zur Charakterisierung des Abriebverhaltens von Kunststoffen
   Bachelorarbeit, 2014.
3. Fahlbusch, R.
   Einfluss des Temperprozesses auf die mechanischen und physikalischen Eigenschaften von Flüssigsilikonkautschuk
   Bachelorarbeit, 2014.
4. Pfeifer, I.
   Ermittlung der Prozess-Eigenschafts-Beziehungen von TPE-S
   Bachelorarbeit, 2014.
5. Chung, L. L.
   Charakterisierung des temperaturabhängigen Materialverhaltens ausgewählter Flüssigsilikonkautschuke
   Diplomarbeit I, 2015.
6. Methe, D.
   Einarbeiten von Füllstoffen in Flüssigsilikonkautschuk
   Diplomarbeit II, 2015.
7. Heine, D.
   Charakterisierung des Vernetzungsverhaltens von Flüssigsilikonkautschuk mit Hilfe der thermischen Analyse
   Diplomarbeit II, 2015.
8. Weber, E.
   Modifikation der Haftungseigenschaften von LSR-TP-Verbunden
   Diplomarbeit II, 2015.
9. Tischendorf, M.
   Charakterisierung des Alterungs- und Sterilisationsverhaltens von thermoplastischen Elastomeren
   Diplomarbeit I, 2015.
10. Bogedale, L.
    Ermittlung der Prozess-Eigenschafts-Beziehungen bei der Extrusion von

Festsilikonkautschuk
Diplomarbeit II, 2015.

11. Matrosov, A.
Analyse des rheologischen Verhaltens von Silikonkautschuk mit Hilfe eines Hochdruck-Kapillarrheometers
Bachelorarbeit, 2016.
12. Hoppe, M.
Einfluss ausgewählter Prozessparameter und Werkzeuggeometrie auf das Extrudat bei der Verarbeitung von Silikonkautschuk im Extrusionsprozess
Bachelorarbeit, 2016.
13. Volke, J.
Analyse des Mischprozesses von Festsilikonkautschuk am Beispiel eines konischen Doppelschneckenmischers
Bachelorarbeit, 2017.
14. Schaffert, C.
Analyse der Strangaufweitung bei der Extrusion von Festsilikonkautschuk
Masterarbeit, 2017.
15. Matrosov, A.
Analyse des Mischprozesses von Festsilikonkautschuk mit Hilfe eines Laborwalzwerkes
Masterarbeit, 2018.
16. Becker, N.
Einfluss verschiedener Materialien und Werkzeuggeometrien auf den Extrusionsprozess von Festsilikonkautschuk
Masterarbeit, 2018.
17. Kraker, M.
Die Vulkanisation von Festsilikonkautschuk mit Hilfe von Infrarot-Strahlung
Bachelorarbeit, 2018.
18. Engel, M.
Bestimmung des Vernetzungsgrades von Silikonkautschuk mit Hilfe der Gleichgewichtsquellung
Masterarbeit, 2019.
19. Joseph, T.
Die Extraktion als Methode zur Bestimmung des Vernetzungsgrades von Silikonkautschuken
Masterarbeit, 2019.
20. Rehm, K.
Analyse des Extrusionsprozesses von Festsilikonkautschuk verschiedener Shore-Härten
Bachelorarbeit, 2020.

21. Wude, M.
Einfluss verschiedener Schneckendrehzahlen auf den Mischprozess von Festsilikonkautschuk am Beispiel eines konischen Doppelschneckenmischers
Bachelorarbeit, 2020.
22. Damm, P.
Identifikation von Methoden zur Bewertung der Mischgüte auf Basis verschiedener Silikonkautschuk-Compounds und diskontinuierlicher Mischverfahren
Bachelorarbeit, 2019.
23. Knispel, R.
Die Analyse des Extrusionsprozesses von Festsilikonkautschuk am Beispiel verschiedener Materialien und Werkzeuggeometrien
Masterarbeit, 2019.
24. Klingebiel, A.
Analyse des Vulkanisationsprozesses von Silikonkautschuk am Beispiel additionsvernetzender Systeme
Masterarbeit, 2020.
25. Hichri, S.
Das Schäumen von Festsilikonkautschuk – Einfluss von Material, Vernetzungssystem und Treibmittel
Bachelorarbeit, 2020.
26. Schymura, D.
Einfluss verschiedener Füllstoffe auf die Wärmeleitfähigkeit von Festsilikonkautschuk
Bachelorarbeit, 2020.

Kolibri 360 GmbH
Ferdinand-Jühlke-Straße 7
99095 Erfurt, Deutschland
produktsicherheit@kolibri360.de